U0147867

物理
Physics

張振華 —— 編著

　　物理是研究物質、能量、時間與空間之性質與相互關係的自然科學,如果您想了解物理但又怕物理過於艱深,那麼講求明瞭易懂的本書就非常適合您。全書內容舉例貼近生活層面,使學習者容易學習到物理基礎知識與生活應用,也屬於通識教育課程的一環,本書參考教育部課綱編寫而成,適合大專校院學生學習物理之用。

　　本書共分十章,第一章緒論,介紹物理的發展與測量;第二章力與運動,介紹運動、力與平衡、壓力、牛頓運動定律;第三章流體力學,介紹流體的相關定律與原理;第四章熱學,介紹溫度、熱量與熱學相關原理;第五章聲波,介紹聲波特性與都卜勒效應;第六章光,介紹光的性質與原理;第七章電與磁,介紹電路、歐姆定律、電磁感應;第八章能量與生活,介紹功與能、功率、能量的轉換、能源;第九章科技與生活,介紹現代科技應用的物理原理;第十章近代物理,介紹原子結構、同位素與輻射線。這樣的安排由基礎入門,進而應用於生活中,有利於讀者學習到物理完整概念。

　　本書的特色與優點:

1. 編寫方式易學易懂,不會艱深,利於引發學習動機。

2. 內容充實且循序漸進,使學習者容易吸收物理基礎知識。

3. 設計隨堂練習與習題,提供充分練習的機會,能提升學習成就。

4. 各章含醫護相關跨領域的延伸閱讀,提供學習者擴大學習領域的機會。

5. 教材能與生活層面結合,利於學習與應用,擴大物理知識的深度與廣度。

　　希望藉由本書的學習，能使學習者達到以下的目標：

1. 建立物理基本概念。

2. 引發學習物理的興趣。

3. 提高物理的學習成就。

4. 建構物理基本素養與科學態度。

5. 增進與擴展醫護相關的跨領域學習。

6. 提升解決問題、自我學習、推理思考能力，以適應現代化的挑戰。

張振華　謹識

Physics CONTENTS

Physics CONTENTS

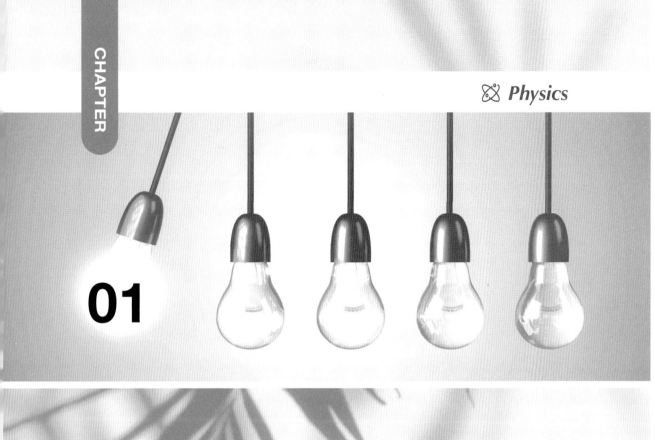

✺ *Physics*

01

物理學與
物理量

1-1 物理學

物理學(physics)是研究物質、能量、時間與空間之性質與相互關係的自然科學。物理學按照時間先後的發展可分為古典物理學與近代物理學兩部分，在 20 世紀以前發展的物理學稱為古典物理學，包含力學、光學、熱學與電磁學；20 世紀以後發展的物理學稱為近代物理學，包含量子力學與相對論。

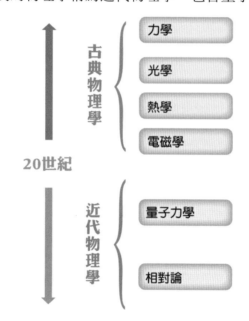

● 1-1-1 力學

力學研究受力物體的運動狀態，可分為靜力學、運動學和動力學。靜力學研究物體在靜力平衡狀態下的負載，運動學純粹描述物體的運動，動力學研究物體運動的變化與影響因素如作用力。

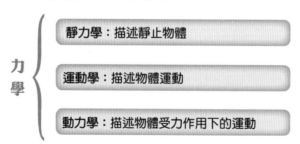

　　牛頓為古典力學集大成者，提出牛頓運動定律，能準確描述與預測物體的運動狀態，牛頓還提出萬有引力定律，成功解釋星體運行狀態。古典力學看似完美，但只適用於巨觀世界與低速運動（遠低於光速）的物體，對於原子尺寸的微觀世界之物理狀態需使用量子力學解釋，而高速運動（接近光速）物體的運動狀態與時空變化可用相對論解釋。

● 1-1-2　光學

　　光學研究內容包括光的現象與性質，可分為幾何光學與物理光學。幾何光學裡光被視為粒子，以直線前進，直到遇到不同介質時，才會改變方向，幾何光學可用來解釋光的反射、折射等現象。物理光學裡光被視為波動，因此又稱波動光學，能夠用來解釋光的干涉、繞射、偏振等現象。目前認為光同時具有粒子與波動雙重性質，稱為**波粒二象性**(wave-particle duality)。

● 1-1-3　熱學

　　熱學研究熱現象及其規律，可分為古典熱力學和統計熱力學。古典熱力學以巨觀觀點（如溫度、壓力、體積等）研究平衡系統各性質之間的相互關係，統計熱力學以微觀的觀點（如原子、分子等）研究平衡系統各性質之間的相互關係。

● 1-1-4　電磁學

電磁學是研究電磁力的科學，包括電場、磁場及其相互之間的交互作用。原本電學與磁學是分開的科學，但後來發現變化的電場會產生磁效應（電生磁）以及變化的磁場會產生電效應（磁生電），電場與磁場的關係密不可分，於是就統合電學與磁學成為電磁學。

物理學雖然是一門基礎科學，但其應用卻對人類文明的進步貢獻良多，例如熱學的研究帶動了引擎的發展，也促使了工業革命的產生；電磁學的研究與應用，使得人類進入電力時代，各種電力產品如電燈、電話的出現，大幅改善人類的生活；而愛因斯坦在相對論中提出**質能等價**(mass-energy equivalence)，成為原子彈與核能發電的理論關鍵，原子彈用於戰爭，核能發電用於和平，無論何者皆改變了人類歷史與生活。

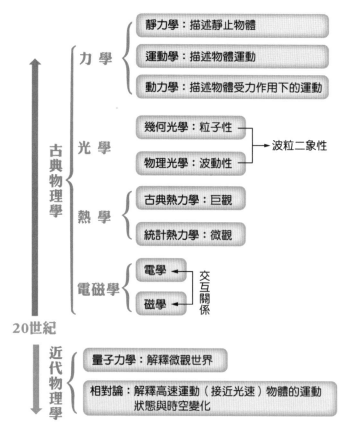

1-2 物理量

物理量(physical quantity)是物理當中能測量的量,例如長度、質量與體積。物理量可分為**基本量**(fundamental quantity)與**導出量**(derived quantity),基本量指的是像長度這種不能用其他更基本的物理量以數學關係加以定義的量;導出量指的是像體積這種由基本量(長度)運算而得的物理量。

> **物理量**
>
> **基本量:長度、質量、時間、電流、溫度、光強度、物質的量**
>
> **導出量:體積、密度、速度、加速度、力、壓力…**

早期世界各國在計量單位的使用並不一致,後來國際度量衡大會通過 mks 單位制度,針對三大基本物理量: 長度、質量、時間分別定出以公尺(m)、公斤(kg)、秒(s)作為一致的單位系統,但因科技日新月異,於是再擴充此一單位系統為**國際單位制**(International System of Unit),縮寫符號為「SI」,中文簡稱為**公制**(metric system),目的在統一各國對計量單位使用的一致性,國際單位制包含長度、質量、時間、電流、溫度、光強度與物質的量等七大基本量。

🔵 表 1-1　國際單位制(SI)的七大基本量與單位

基本量	長度	質量	時間	電流	溫度	光強度	物質的量
單位	公尺 m	公斤 kg	秒 s	安培 A	凱氏 K	燭光 cd	莫耳 mol

至於像體積、速度等物理量是由基本量運算而得,稱之為導出量。國際單位制的優點之一是在同一個物理量之單位的轉換都是十進位,通常在單位前加上一符號以代表不同數量,其方式如下:

英文符號	E	P	T	G	M	k	h	da	d	c	m	μ	n	p	f	a
中文譯名	艾	拍	兆	十億	百萬	千	百	十	分	釐	毫	微	奈	皮	飛	阿
代表數量	10^{18}	10^{15}	10^{12}	10^{9}	10^{6}	10^{3}	10^{2}	10^{1}	10^{-1}	10^{-2}	10^{-3}	10^{-6}	10^{-9}	10^{-12}	10^{-15}	10^{-18}

於是就長度而言就會有　　$1km=10^3 m$　　（1 千米 = 10^3 米）

$1cm=10^{-2}m$　　（1 釐米 = 10^{-2} 米）

$1mm=10^{-3}m$　　（1 毫米 = 10^{-3} 米）

$1μm=10^{-6}m$　　（1 微米 = 10^{-6} 米）

$1nm=10^{-9}m$　　（1 奈米 = 10^{-9} 米）

　　其中米就是俗稱的公尺，而當紅的奈米科技是一種將物質微小化至奈米層級而加以運用的科技，其中 1nm 就相當於 $10^{-9}m$，1 奈米大小的物體近於原子、分子的尺度之間，比之細菌或病毒還要小，例如半導體大廠台積電公司的晶圓設計已達 3nm 製程，代表技術十分精密。

例1 一根頭髮的直徑大約是 40μm，相當於多少 nm？

解 因為 $1μm =10^3nm=1000nm$

所以 40μm =40000nm

隨堂練習 1

彈珠的直徑約為 1cm，相當於多少 nm？

1-3 測量與有效數字

　　生活或科學研究往往需要使用儀器進行測量，並記錄測量所得到的數據，測量的結果包含「數字」部分和「單位」部分，其中數字部分為一組準確值加上一位估計值，數字部分倒數第二位所在位置，是測量工具的最小單位，也就是說準確值可以準確到最小刻度，估計值位於最小刻度的下一位。例如：某人量出體重為 50.2kgw，數字部分為 50.2，單位部分為公斤重 (kgw)，準確值為 50，估計值為 0.2，而儀器最小刻度為 1kgw。其中精確值加上一位估計值的所有數字稱為**有效數字**(significant digit)，所以 50.2kgw 為 3 位有效數字。

　　「0」的出現常會使有效數字的判斷產生混淆，只要依循以下原則即可判斷有效數字：

1. 小數點後面的 0 均為有效數字，例如：2.350 有 4 位有效數字。

2. 夾在數字中間的 0 均為有效數字，例如：30.009 有 5 位有效數字。

3. 所有非零數值前的 0 均不是有效數字，例如：0.007 有 1 位有效數字。

　　但是整數的尾數若為 0 則不一定是有效數字，例如：「1800ml」可能是 2 位有效數字，也可能是 3 位有效數字，也可能是 4 位有效數字。為了正確表示 1800ml 的有效數字，可根據最小測量單位將測量結果以科學記號呈現，科學記號中的尾數皆是有效數字，因此尾數也稱有效數。例如：將 1800ml 改寫成科學記號即可看出不同的有效數字：

$1.8×10^3$　ml　（2 位有效數字）

$1.80×10^3$　ml　（3 位有效數字）

$1.800×10^3$　ml　（4 位有效數字）

例 2 志明去保健室健康檢查，測得體重為 70.08kgw，請問就體重數據分析，數字部分、單位部分、準確值、估計值、最小刻度與有效數字分別是多少？

解

項目	數字部分	單位部分	準確值	估計值	最小刻度	有效數字
體重 70.08 kgw	70.08	kgw	70.0	0.08	0.1kgw	4 位

隨堂練習 2

小夫量身高，儀器顯示如圖（單位 cm），則小夫的身高多少 cm？根據所得身高數據分析，數字部分、單位部分、準確值、估計值、最小刻度與有效數字分別是多少？

項目	數字部分	單位部分	準確值	估計值	最小刻度	有效數字
身高 _____cm						

延 伸閱讀　　　　　　　　　　　　⊗ *Physics*

➲ 身體質量指數

醫護領域當中為大眾熟悉的測量值包括身高、體重、心跳、血壓與身體質量指數等，這些身體的測量值都包括數字與單位，其中**身體質量指數**(Body Mass Index, BMI)為從身高與體重得到的導出量，可用來評估體重是否理想和衡量肥胖程度。

BMI 的算法是「體重(kg)除以身高(m)的二次方」，BMI 指數越高，罹患肥胖相關疾病的機率也就越高。不過 BMI 只是一個參考值，要真正量度病人是否肥胖，還需要測量身體其他數據如體脂肪率。

以下為 BMI 的計算公式以及我國 6~18 歲國民 BMI 評等表提供讀者參考，以一位體重 50kg、身高 1.74m 的 16 歲女性為例，計算出來的 BMI=16.5<17，所以該名女性的身體質量評等為過瘦：

$$BMI = \frac{體重（kg）}{身高^2（m^2）}$$

🌑 表 1-2　6~18 歲臺閩地區男性身體質量評等表

年齡（歲）	過瘦	正常範圍	過重	肥胖
6	≦13.4	13.5~16.8	16.9~18.4	≧18.5
7	≦13.7	13.8~17.8	17.9~20.2	≧20.3
8	≦14.0	14.1~18.9	19.0~21.5	≧21.6
9	≦14.2	14.3~19.4	19.5~22.2	≧22.3
10	≦14.4	14.5~19.9	20~22.6	≧22.7
11	≦14.7	14.8~20.6	20.7~23.1	≧23.2
12	≦15.1	15.2~21.2	21.3~23.8	≧23.9
13	≦15.6	15.7~21.8	21.9~24.4	≧24.5

表 1-2 6~18 歲臺閩地區男性身體質量評等表（續）

年齡（歲）	過瘦	正常範圍	過重	肥胖
14	≦16.2	16.3~22.4	22.5~24.9	≧25
15	≦16.8	16.9~22.8	22.9~25.3	≧25.4
16	≦17.3	17.4~23.2	23.3~25.5	≧25.6
17	≦17.7	17.8~23.4	23.5~25.5	≧25.6
18 以上	≦18.4	18.5~23.9	24~26.9	≧27

表 1-3 6~18 歲臺閩地區女性身體質量評等表

年齡（歲）	過瘦	正常範圍	過重	肥胖
6	≦13	13.1~17.1	17.2~18.7	≧18.8
7	≦13.3	13.4~17.6	17.7~19.5	≧19.6
8	≦13.7	13.8~18.3	18.4~20.6	≧20.7
9	≦13.9	14.0~19.0	19.1~21.2	≧21.3
10	≦14.2	14.3~19.6	19.7~21.9	≧22
11	≦14.6	14.7~20.4	20.5~22.6	≧22.7
12	≦15.1	15.2~21.2	21.3~23.4	≧23.5
13	≦15.6	15.7~21.8	21.9~24.2	≧24.3
14	≦16.2	16.3~22.4	22.5~24.8	≧24.9
15	≦16.6	16.7~22.6	22.7~25.1	≧25.2
16	≦17	17.1~22.6	22.7~25.2	≧25.3
17	≦17.2	17.3~22.6	22.7~25.2	≧25.3
18 以上	≦18.4	18.5~23.9	24~26.9	≧27

註：上述身體質量指數建議值不適用 65 歲以上銀髮族
資料來源：衛生福利部 102 年公布

 **習題** ⊗ *Physics*

( ) 1. 古典物理學與近代物理學是按照哪個時間劃分的？ (A)18 世紀 (B)19 世紀 (C)20 世紀 (D)21 世紀。

( ) 2. 對於原子尺寸的微觀世界之物理狀態可用何種理論解釋？ (A)靜力學 (B)運動學 (C)動力學 (D)量子力學。

( ) 3. 幾何光學無法解釋下列哪種光的現象？ (A)繞射 (B)反射 (C)折射 (D)以上皆非。

( ) 4. 哪種電場會產生磁效應？ (A)很小的電場 (B)很大的電場 (C)不變的電場 (D)變動的電場。

( ) 5. 原子彈與核能發電的發展奠基於何種理論？ (A)力學 (B)光學 (C)電磁學 (D)質能等價。

( ) 6. 何種理論可用來說明高速運動（接近光速）物體的運動狀態與時空變化？ (A)力學 (B)光學 (C)電磁學 (D)相對論。

( ) 7. 下列何者是導出量？ (A)質量 (B)速度 (C)光強度 (D)溫度。

( ) 8. 美容醫學有所謂皮秒雷射，1 皮秒相當於幾秒？ (A)10^{-10} (B)10^{-11} (C)10^{-12} (D)10^{-13}。

( ) 9. 下列何者不是完整的測量結果？ (A)辰浩重 18.5kg 重 (B)辰睿身高 110 (C)物理課本的面積是 395.3cm^2 (D)桌子的長度是 8.3 個鉛筆長。

( ) 10. 大嘴鳥測得幸運石的體積是 12.34ml，則哪一數字是經由估計而得到的？ (A)1 (B)2 (C)3 (D)4。

( ) 11. 使用一最小刻度為 0.01cm 的直尺，測量迴紋針的長度為 2cm，則應如何記錄最為適當？ (A)2cm (B)2.0cm (C)2.00cm (D)2.000cm。

（　）12. 如下圖所示，以直尺測量鐵釘長度，若圖中的數字代表公分，則鐵
釘的長度應記為多少公分？　(A) 3　(B) 3.0　(C) 3.00　(D) 3.000

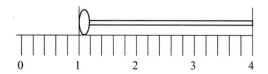

（　）13. 大雄用直尺測量出一支筆的長度為 12.04cm，有關此次測量結果的
敘述，下列何者錯誤？　(A)12.0 為準確值　(B)小數點後的第二位
數 4 為估計值　(C)具 4 位有效數字　(D)測量用的直尺其最小刻度
是 1cm。

（　）14. 胖虎用尺測量印章長度，如圖所示，該印章應記為多少公分？
(A) 4　(B) 4.0　(C) 4.00　(D) 4.000。

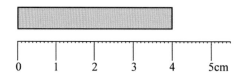

（　）15. 宜靜用尺量一支筆的長度，並將長度記錄為 1.234×10^2cm，則直尺
的最小單位為多少公分？　(A)0.001　(B)0.01　(C)0.1　(D)1。

力與運動

2-1 運動

　　物體的運動隨處可見，不論是生物的運動，例如：鳥的飛翔與魚的游泳，或者是物質的運動，例如：籃球的跳動與星球的運行。為了要能準確描述這些物體的運動狀態，物理上透過位置、位移、路徑長、速率、速度與加速度加以確認。

一、位置

　　透過座標表達物體所在的位置，在一維空間中以數線表示位置，在二維空間中以平面座標表達位置，在三維空間中以空間座標表達位置。例如你分別處在下列三種情境，你會如何透過手機告訴別人你的位置，使你的朋友很快找到你。

情境一：車子行駛在高速公路上。

情境二：在澎湖東北方附近海面坐船垂釣。

情境三：在某棟百貨公司購物血拼中。

　　在情境一的狀況中要告訴對方自己在高速公路南下或北上幾公里處，在情境二要告訴對方自己在澎湖東方幾公里、再偏北幾公里處，在情境三除了要告訴對方百貨公司的位置（在哪條路上）以外，尚需說明自己處的高度（在幾樓）。

　　上述三種狀況分別使用了三種座標表明目標的位置，我們使用了「數線」說明情境一的位置，使用了「平面座標」說明情境二的位置，使用了「空間座標」說明情境三的位置。顯然在日常生活中要明確定出目標位置，與數線、平面座標、空間座標關係密切。

例 1　在數線上畫出 4、–7、–13、2、–1 各數所標示的點，並比較其大小。

解 如下圖所示，且各數之大小為　　−13 < −7 < −1 < 2 < 4

＝＝＝＝＝＝＝＝＝＝ 隨堂練習 1 ＝＝＝＝＝＝＝＝＝＝

在數線上畫出 −1、4、1、−3 各數所標示的點，並比較其大小。

二、位移

　　位移指的是物體位置的改變量，為一向量，包含大小與方向，一般以射線表示。例如當物體由 A 點移動至 B 點，位移表示為 $\overrightarrow{AB}$，若用座標計算位移，則位移等於終點的位置座標減去起點的位置座標。

例 2 物體由數線上位置 A(-4)移動至位置 B(+3)，位移是多少？

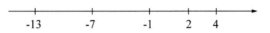

解 位移 $\overrightarrow{AB} = X_B - X_A = 3 - (-4) = 7$（方向朝右）

物體由數線上位置 D(+9)移動至位置 C(+3)，位移是多少？

三、路徑長

物體沿運動路徑所移動的長度稱為路徑長。路徑長與物體運動路徑有關，但是位移和物體運動路徑無關，僅與物體的起點、終點位置有關。例如：物體分別由路徑 1 與路徑 2 由 C 運動至 D，顯然路徑 2 的路徑長大於路徑 1，但是兩者的位移相同，皆為 $\overrightarrow{CD}$。

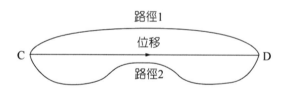

例 3　四邊形 ABDE、BCEF 均為邊長為 1 公尺的正方形，有一隻螞蟻由 A 經 B、C 到達 F，則(1)路徑長是多少？(2)位移的大小是多少？

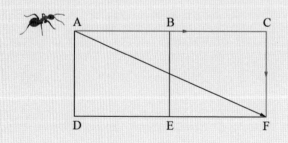

解 　(1) 路徑長=3(m)

　　(2) 因為 $\overline{AC}=2$，$\overline{CF}=1$，所以位移的大小=$\sqrt{2^2+1^2}=\sqrt{5}$ (m)

隨堂練習 3

　　同例 3 圖形，螞蟻由 A 經 D 到達 E，則(1)路徑長是多少？(2)位移的大小是多少？

四、速率

　　速率是表示物體運動快慢的物理量，可分為平均速率與瞬時速率。平均速率是指物體運動時單位時間所經過的路徑長，以符號表示如下：

$$\overline{V}=\frac{\Delta S}{\Delta t}$$

$$平均速率=\frac{路徑長}{時距}$$

　　瞬時速率是指物體運動時在很短時間（趨近於零）所經過的路徑長，以符號表示如下（其中 lim 表示極限之意）：

$$V=\lim_{\Delta t\to 0}\frac{\Delta S}{\Delta t}$$

$$瞬時速率=\lim_{時距\to 0}\frac{路徑長}{時距}$$

五、速度

速度是表示物體運動快慢與方向的物理量，可分為平均速度與瞬時速度。平均速度是指物體運動時單位時間所經過的位移，以符號表示如下：

$$\overline{V} = \frac{\Delta \overline{X}}{\Delta t}$$

$$平均速度 = \frac{位移}{時距}$$

瞬時速度是指物體運動時在很短時間（趨近於零）所經過的位移，以符號表示如下：

$$\overline{V} = \lim_{\Delta t \to 0} \frac{\Delta \overline{X}}{\Delta t}$$

$$瞬時速度 = \lim_{時距 \to 0} \frac{位移}{時距}$$

比較速率與速度兩個物理量，速率只有大小沒有方向，所以速率是純量；速度有大小也有方向，所以速度是向量。平均速率與平均速度大小兩者不一定相等，但是瞬時速率與瞬時速度的大小會相等，這是因為時間間隔越短，則路徑長與位移大小就越接近，當時間趨近於零時（代表瞬時），則路徑長與位移大小就相等，所以瞬時速率等於瞬時速度的大小。如果沒有特別指明，通常速度指的就瞬時速度。

例 4　若物體由 B 點移動到 A 點經過 1 秒，再由 A 點移動到 C 點，需經過 3 秒，則由 B 點經 A 點移動到 C 點的過程，物體的平均速度與平均速率各為何？

解 ▶ (1) 因為位移 $\overrightarrow{BC}$ 為 8m（方向朝右），時距為 4 秒

所以平均速度＝$\dfrac{8}{4}$＝2(m/s)（方向朝右）

(2) 因為路徑長為 12m，時距為 4 秒

所以平均速率＝$\dfrac{12}{4}$＝3(m/s)

隨 堂 練 習 **4**

若物體由 O 點移動到 A 點經過 1 秒，再由 A 點移動到 B 點，需經過 3 秒，則由 O 點經 A 點移動到 B 點的過程，物體的平均速度與平均速率各為何？

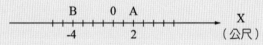

六、加速度

加速度指的是物體的速度對時間的變化率，因此加速度為向量，有大小也有方向，可分為平均加速度與瞬時加速度。平均加速度是指物體運動時單位時間的速度變化量，以符號表示如下：

$$\bar{a} = \frac{\Delta \overline{V}}{\Delta t}$$

平均加速度＝$\dfrac{速度變化量}{時距}$

瞬時加速度是指物體運動時在很短時間（趨近於零）的速度變化量，以符號表示如下：

$$\vec{a} = \lim_{\Delta t \to 0} \frac{\Delta \vec{V}}{\Delta t}$$

$$平均加速度 = \lim_{時距 \to 0} \frac{速度變化量}{時距}$$

加速度是用來了解速度變化的物理量，對直線運動物體而言，若速度與加速度方向相同（同正或同負）則運動速率變大，反之，若方向相反（一正一負）則運動速率變慢。例如物體垂直上拋，在上升過程中，由於速度方向向上，但是重力加速度方向向下，所以物體的速率會越來越小；在下落過程中，由於速度方向向下，而重力加速度方向也向下，所以物體的速率會越來越大。

例 5 大寶開車的速度為 15m/s，遇到紅燈踩煞車，若該車於 5 秒內停止，則平均加速度為多少？

解 $平均加速度 = \dfrac{速度變化量}{時距} = \dfrac{末速度 - 初速度}{時距} = \dfrac{0 - 15}{5}$

$= -3(m/s^2)$（負號表示加速度方向與開車方向相反）

═══ 隨 堂 練 習 5 ═══

在一直線上運動的物體，其速度在 4 秒內由向西 2m/s 變成向東 6m/s，則物體在這段時間內的平均加速度大小為多少？

2-2 力與平衡

● 2-2-1 力的意義與分類

　　力是向量，包含大小和方向。物體受力作用後，會發生形狀改變或運動狀態改變，此現象稱為力的效應。物體的形狀改變包括伸長、縮短、彎曲、扭曲等現象，例如：橡皮筋拉長、彈簧伸縮、使鐵絲折彎、塑膠尺彎曲、手捏陶土、使毛巾扭乾等；物體的運動狀態改變指的是物體速度大小或方向改變，例如：踩腳踏車使車從靜止開始前進屬於速度大小的改變，汽車等速率轉彎屬於速度方向的改變。

　　力可分為接觸力與超距力兩大類，接觸力指的是施力者與受力者需直接接觸才能發生作用的力，例如：彈力、摩擦力、浮力、拉力、推力等。超距力指的是施力者與受力者不需直接接觸便可發生作用的力，例如：萬有引力、靜電力、磁力等，其中，靜電力與磁力包含有吸引力及排斥力，但萬有引力只含有吸引力，而無排斥力。

例 6 下列何者屬於超距力？(A)馬拉車之力　(B)浮力　(C)磁鐵吸引鐵粉的力　(D)物體的彈力。

解 (C)磁力為超距力

隨堂練習 6

請在空格內寫出下列各作用力的種類（接觸力或超距力）：

說明	磁鐵吸引鐵釘	成熟蘋果掉落	汽車煞車停住	拳擊手互推	扭轉毛巾	摩擦過的尺吸紙片
作用力	磁力	重力	摩擦力	推力	扭力	靜電力
力的種類						

◐ 2-2-2　合力與力平衡

　　當物體受到許多力的作用時，所產生的效果與用一個力來代替時的效果相同，此力便稱為這許多力的合力。由於力是向量，因此合力可透過向量的加、減法計算而得，若兩力 F_1、F_2 作用於同一物體上，則合力大小 F 與 F_1、F_2 的關係為

$$F_1 - F_2 \ \leq \ F \ \leq \ F_1 + F_2$$

　　以下分別討論兩力夾角 0°、180°、90° 等三種特殊情況：

1. 兩力夾角 0°：合力**最大**，$\mathbf{F = F_1 + F_2}$，合力大小＝兩力**相加**，方向與兩力相同。

$$\vec{F_1} \quad + \quad \vec{F_2} \quad = \quad \vec{F}$$

2. 兩力夾角 180°：合力最小，$\mathbf{F = F_1 - F_2}$，合力大小＝兩力**相減**，方向朝向兩力中**較大**者。

$$\vec{F_1} \quad + \quad \vec{F_2} \quad = \quad \vec{F}$$

3. 兩力夾角 90°：$\mathbf{F = \sqrt{F_1^2 + F_2^2}}$，方向介於兩力之中。（利用**畢氏定理**計算 F）

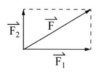

例 7　甲施力向東 12kgw，乙施力向西 5kgw，則合力 F 為多少？

解　合力 F＝12－5＝7kgw （向東）

隨堂練習 7

甲施力向東 3kgw，乙施力向北 4kgw，合力大小為多少 kgw？

　　原本靜止的物體受到幾個力作用仍保持靜止（不移動、不轉動），則稱靜力平衡，此時物體所受的合力為零。若物體同時受到兩個力作用，而且這兩個力大小相同、方向相反，沿著同一直線作用，此時我們稱物體處於兩力平衡狀態。所以兩力平衡的條件為：

1. 大小相等。

2. 方向相反。

3. 沿著同一直線作用。

　　生活中常見物體處於兩力平衡狀態，例如：船於海面上保持靜止，此時船所受的浮力大小等於重力大小，或者如拔河比賽兩隊勢均力敵保持靜止的一刻，此時繩索所受兩邊拉力大小相等。

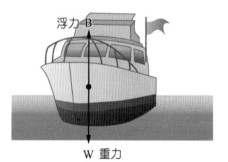

浮力 B

W 重力

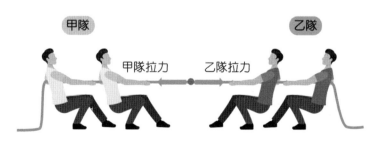

甲隊　　　　　　　　　乙隊

甲隊拉力　乙隊拉力

而物體受到大小相等、方向相反、作用在不同一直線上的兩力作用時可能造成物體轉動。

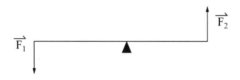

例 8 下圖線段 1cm 代表 200gw，箭頭表示力的方向；則下面四圖達二力平衡者為何者？

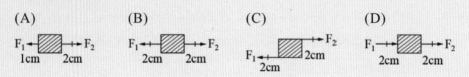

解 (B)達到二力平衡，因為物體同時受到兩個力作用，而且這兩個力大小相同、方向相反，沿著同一直線作用。

=== 隨 堂 練 習 8 ===

一物體在光滑平面上，重量為 20gw，它所受力的力圖如下（1cm 代表 10gw），欲使物體平衡，可將： (A)向右之力改為 10gw (B)向左之力改為 20gw (C)向右再施力 20gw (D)向左再施力 20gw。

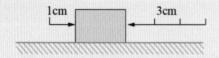

2-3 壓力

壓力是物體在單位面積所受到的垂直作用力（正向力），當受力面積相同時，壓力與正向力成正比；當正向力相同時，壓力與物體的受力面積成反比。

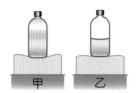

(a)受力面積相同，壓力與正向力成正比　(b)正向力相同，壓力與受力面積成反比

◉ 圖 2-1　正向力、受力面積與壓力之關係

壓力的公式如下：

$$p = \frac{F}{A}$$

$$壓力 = \frac{正向力}{受力面積}$$

由於壓力是單位面積所受到的正向力，因此壓力的標準單位如下：

$$\frac{牛頓}{平方公尺} = \frac{N}{m^2} = Pa（帕斯卡）$$

此外另有一英制壓力單位 psi，定義為 1 磅力(lbf)在 1 平方英寸(in²)面積所產生的壓力，常用於輪胎胎壓與氣瓶壓力，汽車輪胎胎壓一般介於 32~44psi 之間，而 1psi 約等於 6900Pa。

例 **9**　有一個 100gw 的力作用在面積 10cm² 及 0.1 cm² 的不同平面上，求此二平面所受壓力。

解 (1) 面積 10cm^2：

壓力 $P = F/A = 100/10 = 10(gw/cm^2)$

(2) 面積 0.1cm^2：

壓力 $P = F/A = 100/0.1 = 1000(gw/cm^2)$

比較(1)與(2)可知正向力相同時，受力面積越大，承受壓力越小；受力面積越小，承受壓力越大。

隨堂練習 9

小華試穿四雙底面凹凸紋路不同的鞋子，它們的底部面積（包含黑色及白色部位）皆相同，如附圖所示。若圖中鞋底的黑色部位為小華穿鞋子著地時，鞋子與地面接觸的部分，且她的重量均勻分布在黑色部位上，則當她穿上哪一雙鞋子時，與鞋子接觸部分的地面所受的壓力最大？

甲　　　乙　　　丙　　　丁

2-4　牛頓運動定律

牛頓運動定律(Newton's laws of motion)由英國物理學家牛頓提出，用來說明物體所受的外力與物體運動彼此之間的關係。這定律被譽為古典力學的基礎，三大運動定律如下：

一、牛頓第一定律

又稱**慣性定律**，物體不受外力作用或受外力作用但合力為零時，則其運動狀態將維持不變。靜止狀態的物體永遠維持靜止，運動中的物體恆沿一直線做等速度運動。

慣性定律說明物體若維持靜止狀態或作等速度運動時，必不受外力或所受外力之合力為零。若物體運動速度大小或方向改變時，則必受外力作用（或合力不為零）。例如在外太空中行駛的太空船突然失去動力，若沒有受到任何星球的引力作用（不受外力），則太空船將以等速度運動。

二、牛頓第二定律

又稱**運動定律**，物體受外力 F 作用時，會沿著作用力的方向產生加速度 a（F、a 同方向），在一定質量 m 下，加速度 a 和作用力 F 成正比；在一定作用力 F 下，加速度 a 和質量 m 成反比。以公式表示牛頓第二定律為

$$\vec{F} = m\vec{a} \quad (\text{力} = \text{質量} \times \text{加速度})$$

由牛頓第二定律可得到力的絕對單位「牛頓」，當質量 1 公斤(m＝1kg)的物體，產生 $1m/s^2$ 的加速度所需的力稱為 1 牛頓(F=1N)，簡寫為 1N。

力的單位另外可用公斤重(kgw)表示，質量 m=1kg 的物體，所受到的重力為 1kgw，而重力加速度為 $g=9.8m/s^2$，故由重量 W=mg 得如下結果：

$$1kgw = 1kg \times 9.8m/s^2 = 9.8N$$

三、牛頓第三定律

又稱**作用力與反作用力定律**，每施一個作用力於物體，物體必給施力者一個反作用力。作用力與反作用力大小相等、方向相反、作用在同一直線上，同時產生、同時消失。

作用力與反作用力大小相等、方向相反,且作用在同一直線上,但若作用在不同物體,則不可互相抵消。若作用力與反作用力發生在同一系統(或物體)時,則對系統(或物體)而言,此作用力與反作用力視為內力,此兩力可互相抵消。例如想要以手臂施力抱起自己時,發現施再大的力都無法將自己舉起。

例10 光滑平面上,有一質量 50kg 的物體受到 100kgw 水平力的作用,求物體獲得的加速度的大小為何?

解 m = 50kg

F = 100kgw = 980N

F = m×a

980 = 50a

a = 19.6(m/s^2)

隨堂練習10

在重力加速度 $g = 9.8\text{m/s}^2$ 的狀況下,一火箭的重量為 9800 牛頓,火箭的質量為多少公斤?

延伸閱讀 ⊗ *Physics*

➲ 身體姿勢與壓力

　　人體承重的最重要結構為脊椎，脊椎是由椎骨及椎間盤所組成，而椎間盤為椎骨之間的軟骨，使身體移動時不會造成骨頭間的摩擦，椎間盤會因為創傷或是長期姿勢不當而向外突出，當壓迫到神經時會使肩膀、脖子、手部感到麻木、疼痛或無力，進而引發其他的病變。

　　脊椎醫學專家 Nachemson 研究人體在各種不同姿勢下腰椎間盤的壓力大小，結果顯示仰臥受壓最低，採坐姿且彎腰提重物壓力最大。此外無論是坐姿還是站姿彎腰時壓力增加，所以盡量少彎腰，尤其搬重物時，不要直接彎腰，應先蹲下，保持上身直立，再用腿部肌肉力量站立起來。

　　比較坐姿與站姿，沒有任何負重的坐直壓力比站直壓力更大，然而身體若長期維持同一姿勢不動，將面臨血液循環不良問題，因此久坐和久站都不利於身體健康，對於每天都需要久坐的人來說，每隔一段時間站起來活動一下，可以促進血液循環；對於像護士整天久站的人來說，可以透過抬腿、伸展動作與泡熱水等方式改善血液循環不良問題。

　　姿勢端正是身體健康的基礎，錯誤姿勢會給身體帶來莫大的疼痛與疾病，只有姿勢端正，才能遠離疼痛，常保健康。

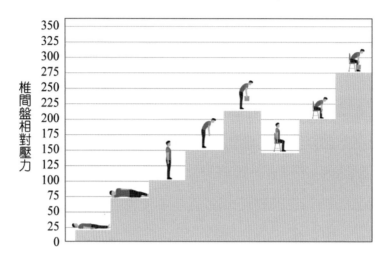

> 圖 2-2　人體在各種不同姿勢下腰椎間盤的壓力大小

一、選擇題

( )1. 在二維空間中以何種座標表達位置較恰當？ (A)平面座標 (B)空間座標 (C)數線 (D)以上皆可。

( )2. 哪個物理量是純量？ (A)力 (B)速度 (C)加速度 (D)路徑長。

( )3. 小花往東走 8m，再往北走 6m，位移的大小是多少公尺？ (A)10 (B)12 (C)14 (D)16。

( )4. 小花往東走 8m，再往北走 6m，路徑長是多少公尺？ (A)10 (B)12 (C)14 (D)16。

( )5. 關於瞬時速率與瞬時速度的說明何者錯誤？ (A)瞬時速率只有大小沒有方向 (B)瞬時速度有大小有方向 (C)瞬時速率與瞬時速度的大小相同 (D)瞬時速度是指物體運動時在很短時間（趨近於零）所經過的路徑長。

( )6. 何種物理量表示速度對時間的變化率？ (A)速率 (B)加速度 (C)力 (D)位移。

( )7. 將物體垂直上拋，在上升過程中物體的運動狀態敘述錯誤者為哪一選項？ (A)速度朝上 (B)速率朝上 (C)加速度朝下 (D)速率越來越小。

( )8. 下列何者是因力的作用而改變物體的運動狀態？ (A)皮球被壓扁 (B)橡皮筋綁住塑膠袋口 (C)彈簧下掛砝碼使其伸長 (D)蘋果自樹上加速落下。

( )9. 甲：船浮在海上、乙：月球繞地球、丙：摔破玻璃杯、丁：磁浮火車懸浮在軌道，以上四種狀態由接觸力造成的有幾項？ (A)1 項 (B)2 項 (C)3 項 (D)4 項。

(　　) 10. 若物體處於兩力平衡狀態，兩力平衡的條件不包括哪一選項？
(A)大小相等　(B)方向相反　(C)只適用於超距力　(D)需作用在同一直線上。

(　　) 11. 某物體同時受到互相垂直的甲乙兩力作用，已知甲乙兩力大小相同，則合力大小與甲乙兩力的大小關係為何？　(A)合力大於甲力 (B)合力小於乙力　(C)合力大於 2 倍甲力　(D)合力為 0。

(　　) 12. 下列為各物體受力作用的情形，何者處於兩力平衡的狀態？

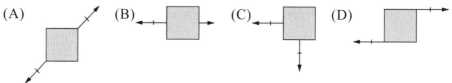

(　　) 13. 立安不小心兩腳踏入爛泥巴中，當他一隻腳拔起時，另一腳卻陷的越深，這是因為什麼原因造成？　(A)重量增加，壓力減小　(B)重量增加，壓力增加　(C)接觸面積減小，壓力減小　(D)接觸面積減小，壓力增加。

(　　) 14. 作用力與反作用力定律是牛頓第幾定律？　(A)牛頓第一定律　(B)牛頓第二定律　(C)牛頓第三定律　(D)以上皆非。

(　　) 15. 力的大小為 5kgw 相當於幾牛頓？　(A) 4.9 牛頓　(B) 9.8 牛頓 (C)49 牛頓　(D)98 牛頓。

(　　) 16. 以一固定的力推動一部裝水的車子，若車子的水逐漸流失，則車子的加速度有何變化？　(A)變大　(B)變小　(C)不變　(D)先變大再變小。

二、計算題

1. 物體由數線上位置 A(5)移動至位置 B(-7)，再移動至 C(3)，則路徑長與位移各是多少？

2. 小明在東西向直線跑道上運動，一開始往東邊跑，同學幫他記錄位置與時間，如圖所示，則小明在 0~8 秒所經過的路徑長與位移各是多少？

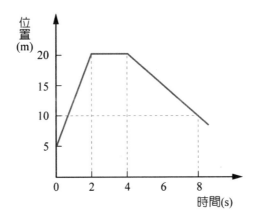

3. 若物體由 A 點移動到 B 點經過 6 秒，再由 B 點移動到 C 點經過 2 秒，則由 A 點經 B 點移動到 C 點，物體的平均速度與平均速率各為何？

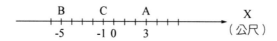

答

4. 有一物體重量為 13kgw，靜置於水平桌面上。若物體兩側分別施以在同一直線上的水平作用力 20kgw 和 15kgw，發現物體仍靜止不動，如圖所示，則該物體所受摩擦力為多少？

答

5. 一立方體若長寬高尺寸都縮小為原來二分之一，請問此立方體底面積因其自重所承受之壓力變為原來的幾分之幾？

6. 施 F 牛頓的力於甲物體，產生 3m/s^2 的加速度，若施此力於乙物體，產生 6m/s^2 的加速度，若將甲、乙兩物體綁在一起，再施 F 牛頓的力於其上，其加速度大小為多少？

03

流體力學

3-1 大氣壓力

因為大氣有重量，所以產生大氣壓力，大氣壓力以地表最大，越往高處氣壓越小。

西元 1643 年義大利科學家托里切利將長約 1m 且一端封閉的中空玻璃管裝滿水銀後倒插在水銀槽中，結果玻璃管內水銀柱開始下降到垂直高度約76cm 後不再下降，此時管子上方的空間幾乎是真空，稱為托里切利真空。這76cm 水銀高度所產生的壓力即為當時的大氣壓力。

托里切利實驗中水銀柱的高度變動只與大氣壓力的變化有關，與玻璃管傾斜程度、管徑大小與玻璃管總長度均無關。

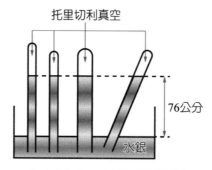

> ● 圖 3-1　托里切利實驗

在緯度 45 度的海平面上，溫度為 0℃時的大氣壓力，可支持垂直高度76cm 的水銀柱，此時的大氣壓力叫做一標準大氣壓力，記做 1atm 或 76cm 水銀柱(cmHg)。即

$$1atm = 76 \text{ cmHg} = 760 \text{ mmHg} \approx 1033.6 \text{ gw/cm}^2 \approx 101300 \text{ n/m}^2 \approx 101300\text{Pa}$$

例 4 ▷ 小勇使用不同口徑的細玻璃管作托里切利實驗，三玻璃管的實驗條件如下表所示，則三玻璃管與水銀面的高度大小關係為何？

編號	A	B	C
露出液面的長度	150cm	200cm	180cm
傾斜角度	90 度	60 度	45 度
截面積	1cm^2	1.2cm^2	1.5cm^2

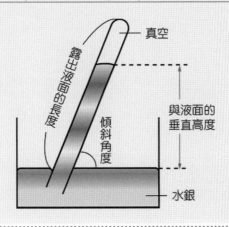

解 水銀柱的垂直高度與玻璃管露出液面的長度、傾斜角度、截面積均無關，所以三玻璃管與水銀面的高度大小均相同。

隨堂練習 1

小花使用四根管子裝入水銀，倒插於水銀槽中。已知其中甲、乙兩管直立於槽中之液面，丁管上半部為真空，且乙、丙、丁三管內部之液面在同一高度，如圖所示。當時的氣壓為多少 cmHg？

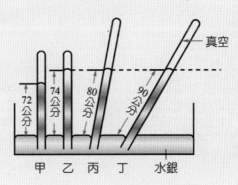

例 2　為何將罐裝飲料打一個小洞，倒持時，飲料不易流出來？

解　由於大氣壓力所造成的力頂住小洞，罐內的飲料不易流出。

隨 堂 練 習 2

下列四粒椰子的打洞方式，何者最容易將椰子汁倒出？

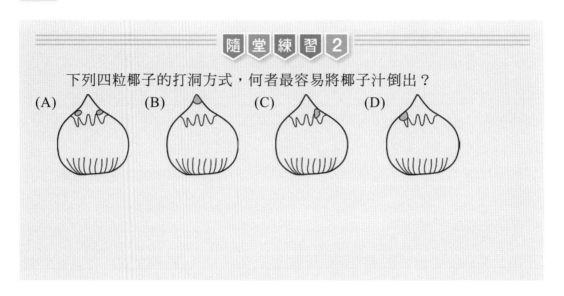

(A)　　　　　(B)　　　　　(C)　　　　　(D)

　　在西元 1654 年德國物理學家葛立克為了證明大氣壓力有強大威力，在馬德堡做了一個實驗，他將兩個中空的金屬半球接合在一起，然後將此金屬球中的空氣抽掉，此時大氣壓力將兩個金屬半球緊密的壓在一起，最後他在球的兩邊各用八匹馬拉不同的半球，才成功將兩個金屬半球拉開，可見大氣壓力威力之大，這就是所謂的馬德堡半球的實驗。

▶ 圖 3-2　馬德堡半球的實驗

　　厚達數百公里的大氣層不知不覺中給我們一定的壓力，根據計算，地表每一平方公分的面積會承受約 1kgw 的大氣壓力， 按照這樣的算法，我們的兩肩如果以 100cm^2 的面積來算，那麼兩肩合計會受到 100kgw 的大氣壓力，背負著這麼大的重擔，為什麼人不會被大氣壓力壓垮？其實人不會被大氣壓力壓垮的原因是人的體內壓力與外界大氣壓力相同，內外兩個壓力互相抵消的結果，使我們沒有感到任何千斤重擔壓在我們的身上。

　　假設我們現在處在海底，此時外界的壓力除了大氣壓力以外，還加上了水的壓力，但是人的內部還維持在原有的大氣壓力，於是多出的水壓會不斷地壓在人的身上，這就是人即使帶上氧氣面罩，還是無法潛到深海的原因。

　　另外假想一個人現在正處在外太空，那麼他即使帶上氧氣面罩，如果沒有穿著特別的太空裝，由於外太空沒有空氣，因此外界不存在任何的壓力，但是人的內部還維持在原有的大氣壓力，使得人體肺裡的氣體迅速膨脹，把肺撐破然後進入循環系統，造成永久性的傷害直至死亡。當然這是很慘的事，所以太空人都會穿著特製的抗壓力的太空裝，以免發生上述災難。

3-2 波以耳定律

　　對於一個密閉容器中的氣體而言，氣體的質量是固定的，在溫度恆定條件下，當此容器的氣體體積越來越小時，代表空氣被不斷的壓縮，如此一來空氣的壓力將會越變越大。波以耳定律用來描述在密閉容器中的空氣壓力 P 與體積 V 的反比關係。

波以耳定律：PV=定值或寫成 $P_1V_1=P_2V_2$
（條件：定量與定溫氣體）

　　所以密閉氣體體積變大則壓力變小，體積變小則壓力變大。我們以一個不含針頭的針筒為例，若用一隻手按緊筒口，再用另外一隻手推活塞，這時你會覺得筒內有很大的阻力阻止活塞前進，這就是因為空氣被不斷的壓縮，使得筒內空氣的壓力越變越大。

例 **3** 若針筒內原有 1atm 的空氣 50ml，今按緊筒口並壓縮筒內空氣體積成為 10ml，則筒內空氣壓力變成多少？

解 根據波以耳定律 $P_1V_1 = P_2V_2$

$$1 \times 50 = P_2 \times 10$$

得到筒內空氣壓力變成 $P_2 = 5$(atm)

隨 堂 練 習 **3**

若針筒內原有 1atm 的空氣 0.1L，今按緊筒口並壓縮筒內空氣，使壓力成為 4atm，則當時筒內空氣體積是多少 ml。

3-3 查理定律

查理定律可以分成兩個子定律，一個是定壓查理定律，另一個則是定容查理定律。

定壓查理定律是指定量定壓的氣體，體積與絕對溫度成正比。

$$\frac{V_1}{V_2} = \frac{T_1}{T_2} \quad (\text{V：氣體體積，T：絕對溫度})$$

定容查理定律是指定量定容的氣體，壓力與絕對溫度成正比。

$$\frac{P_1}{P_2} = \frac{T_1}{T_2} \quad (\text{P：氣體壓力，T：絕對溫度})$$

例 4 定壓下某定量氣體，在 27℃時之體積為 600ml，試求其在 127℃時之體積為多少 ml？

解 因為 27℃相當於絕對溫度 27+273=300(K)，127℃相當於絕對溫度 127+273=400(K)。

根據定壓查理定律，氣體體積與絕對溫度成正比。

$$\frac{V}{600} = \frac{400}{300}$$

得到在 127℃時之氣體體積 V=800(ml)

隨堂練習 4

定容下某定量氣體，在 27℃時之壓力為 1.5 atm，試求其在 -23℃時之壓力為多少 atm？

3-4 靜止流體的壓力

Physics

靜止液體產生壓力的原因是因為液體具有重量，使得上層液體擠壓下層液體，於是產生液體壓力。靜止液體任一點受到各方面的壓力皆是相等，壓力大小只與液體密度 ρ 與距液面深度 h 有關，壓力的方向與作用面垂直。

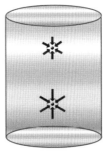

◈ 圖 3-3 靜止液體任一點受到各方面的壓力皆相等

靜止液體壓力的公式如下：

$$P = \rho gh$$

靜止液體壓力＝液體密度×重力加速度×距液面深度

由靜止液體壓力的公式可知，靜止液體壓力與液體密度及深度皆成正比，而與容器形狀、底面積大小無關，此外距液體表面等深度的各點壓力大小相同。

將等量的水分別倒入甲、乙、丙三個杯子中，已知杯子的底面積是甲＞乙＞丙，水的深度是丙＞乙＞甲，則杯子內底部所受水壓力的大小關係為丙＞乙＞甲，與杯子底面積大小無關，如圖 3-4 所示。

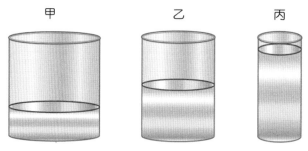

● 圖 3-4　液體壓力與容器底面積大小無關，與深度成正比

甲、乙兩個圓柱形容器的底面積為甲＞乙，當兩容器裝有深度相等的水時，則甲、乙兩容器底面所承受液體壓力也會相同，因為距液體表面等深度的各點壓力大小相同，如圖 3-5 所示。

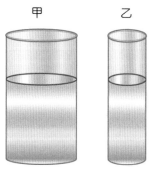

● 圖 3-5　甲、乙兩容器底面所承受液體壓力相同

例 5 若消防車最大水壓為 5×10^5 牛頓／公尺^2，設某大樓每層樓高 4m，則每層樓需要水壓多少牛頓／公尺^2？另外消防車能噴到幾層樓高？（已知水密度$=1g/cm^3=1000kg/m^3$，重力加速為 $10m/s^2$）

解 (1) 每層樓水壓 $P=\rho gh$
$$=10^3 \times 10 \times 4$$
$$= 4 \times 10^4 （牛頓／公尺^2）$$

(2) 消防車能噴到樓層高度
$$=(5 \times 10^5)/(4 \times 10^4)$$
$$=12.5 （層）$$

随堂練習 5

人類自由潛水的極限記錄是海面下 177m，當時的水壓是多少牛頓／公尺^2？相當於多少個大氣壓？（已知海水密度$=1.03g/cm^3=1.03 \times 10^3kg/m^3$，重力加速為 $10m/s^2$）

3-5 連通管原理與帕斯卡原理

➲ 3-5-1 連通管原理

若連通管的任何一個容器注入液體時，當液體靜止後，連通管內各容器的液面必在同一水平面上，這個現象稱為連通管原理。

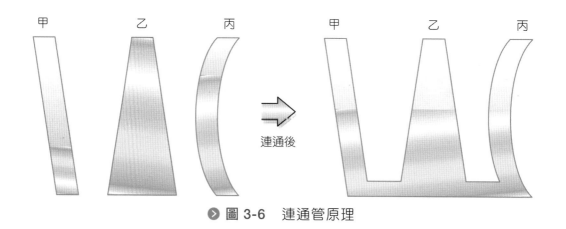

▶ 圖 3-6 　連通管原理

連通管原理的成因是同一水平面上的液體壓力如果不同，液體會由高壓流向低壓，直到壓力相同為止，所以靜止液體的液面會維持在同一水平面上。例如自來水系統的儲水池設在高處，利用液體壓力，將水送至各用戶。又如噴水池、噴泉，水會由較低的管子噴出，噴出的水可以達到和其他管子相同的高度。

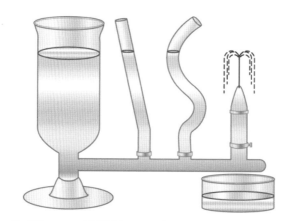

▶ 圖 3-7 　連通管原理應用：噴水池、噴泉

另外像馬桶底部總保持一定水位其實也跟連通管原理有關，因為馬桶的底部有一個 U 字形的管，這個 U 形管的一端連接著一個開放的空間，負責承接汙物，另一端則連著汙水管一直通到地下室的化糞池。根據連通管原理在 U 形管兩端的水位保持相等，這可說明為什麼馬桶水位總是保持一樣，正因

為有這一段水形成了一個屏障，使得化糞池的臭味不會沿著汙水管而從馬桶裡傳出來。

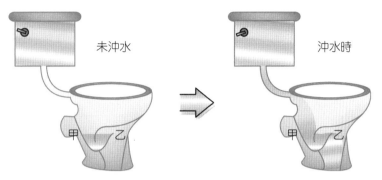

> 圖 3-8　連通管原理應用：馬桶保持一定水位

例 6　如圖所示，甲、乙兩容器的水面在同一高度上，一條內部充滿水的塑膠軟管連通兩容器的底部。有關軟管內液體的流動情形，下列何者正確？　(A)由甲容器流向乙容器　(B)液體由乙容器流向甲容器　(C)液體不流動　(D)無法判斷。

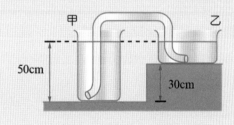

解　此裝置可視為連通管，因為甲、乙液面在同一平面上，所以不流動。

隨堂練習 6

如圖所示，甲、乙兩容器裝有一樣高度的水，一條內部充滿水的塑膠軟管連通兩容器的底部，請問軟管內液體的流動方向為何？

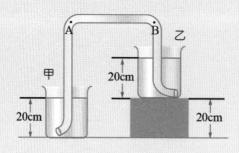

3-5-2 帕斯卡原理

在密閉容器內的流體，任何一處受到壓力時，會以相同大小的壓力傳到容器和流體的其他部分，稱為帕斯卡原理。

裝置如圖 9，當施力向下給活塞 A 時，根據帕斯卡原理會有如下結果：

A 活塞向下的壓力＝B 活塞向上的壓力

$$\frac{F_A}{A} = \frac{F_B}{B}$$

$$\frac{A的作用力}{A的截面積} = \frac{B的作用力}{B的截面積}$$

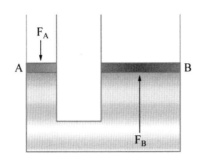

圖 3-9 帕斯卡原理

　　帕斯卡原理的應用包括汽車用的千斤頂、油壓煞車、液壓起重器、擠牙膏、針筒注射與哈姆立克急救法等。其中哈姆立克急救法是在 1974 年由美國醫師 Henry Heimlich 博士所發明的急救法，目的是清除上呼吸道的異物阻塞，其原理是藉由施救者站在患者的後方，一手握拳，另一手抱住放好之拳頭，拳眼面向肚子並抵住肚臍上緣，向患者橫膈膜施加壓力，根據帕斯卡原理，此壓力會傳遞進而壓縮肺部，使異物排出氣管。

圖 3-10 帕斯卡原理的應用：哈姆立克急救法

例7 如圖所示，根據帕斯卡原理回答下面問題：

(1) B、C、D 三個截面所能承受的最大重量的比較關係。

(2) 如果 B 活塞的面積為 $15m^2$，其上面的車重量為 1200kgw，若 A 活塞的面積為 $1m^2$，則在 A 活塞上至少要施力多少 kgw，才能舉起車子？（設活塞的重量可忽略不計）

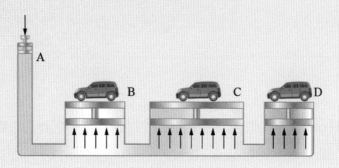

解 (1) 因為 B、C、D 截面積大小關係：___C＞B＞D___，所以三個截面所能承受的最大重量關係：___C＞B＞D___。

(2) 設 A 活塞上至少要施力 x 公斤重，$\dfrac{F_1}{A_1} = \dfrac{F_2}{A_2}$ ， $\dfrac{1200}{15} = \dfrac{x}{1}$ ，x = 80(kgw)

隨堂練習 7

有一水壓機，設大小兩活塞的半徑分別為 50cm 及 10cm，今欲將 100kgw 的重物由大活塞舉起，則小活塞應施力若干公斤重？

例 8 有一注射筒如圖所示，A、B 間充滿液體，A 端小孔的面積為 0.04cm²，B 截面積為 4cm²，C 截面積為 5cm²。若由截面 C 施 200gw 的力，則由 A 端小孔噴出的瞬間水壓力為多少？

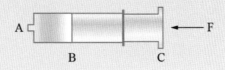

解 因為 C 面的受力＝B 面的受力

所以 B 面的壓力 $P = F/A = 200/4 = 50$ (gw/cm²)＝A 面的壓力。

隨堂練習 8

承上題，由 A 端小孔噴出的總力為多少？

 **3-6** 浮力

　　物體在流體中（氣體、液體），受到流體給物體向上的力，稱為浮力。所以物體在流體中重量會減輕，減輕的重量等於浮力。除非物體體積大且質量小，否則一般在空氣中的浮力很小，可忽略不計。

　　相傳古希臘時代科學家阿基米德奉命檢驗國王的純金王冠是否含有其他的金屬，當時他苦思不得其解。一天，他在沐浴時，忽然覺得「當身體進入水中，水即溢出；浸得越深，溢出的水越多，同時身體的重量感覺越輕。」靈光一現，他終於找到辨別王冠真偽的方法了：因為重量相等的同一物質，

體積也相等,所以在水中受到的浮力一定也相等。於是他另取一塊與王冠等重的金塊,放入水中,若排開的水量(也就是受到的浮力)相等,則王冠是純金的;若排開的水量不相等,王冠就不是純金的。這個想法就是有名的阿基米德原理,又稱為浮力原理。

如圖 3-11 所示,以彈簧秤分別測得物體在空氣中與液體中的重量,則物體在液體中的浮力 B 為減輕的重量,計算公式如下:

$$浮力\ B = W_空 - W_液$$

$W_空$:物體在空氣中的重量

$W_液$:物體在液體中的重量

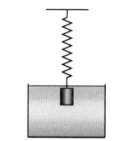

⊙ 圖 **3-11** 物體在流體中減輕的重量等於浮力

總結浮力原理為物體所受的浮力等於排開液體的重量,若為浮體則物重等於浮力,若為沉體則物重大於浮力。

以浮力原理來討論冰山在海上的漂浮,依照浮力原理,浮體的物重等於浮力,而浮力又等於物體所排開的液體重。已知冰山的密度 $D_冰$ 是 $0.92 \mathrm{g/cm^3}$,海水的密度 $D_海$ 是 $1.03 \mathrm{g/cm^3}$,假設 $V_冰$ 代表冰山全部的體積,$V_{冰沉}$ 代表冰山位於海面下的體積,$V_{冰浮}$ 代表冰山位於海面上的體積,則產生下列推導:

冰山重量=浮力

→ 冰山重量=冰山排開海水的重量

→ $D_冰 V_冰 = D_海 V_{冰沉}$

→ $0.92(V_{冰沉} + V_{冰浮}) = 1.03 V_{冰沉}$

→ $\dfrac{V_{冰浮}}{V_{冰沉}} = \dfrac{1.03 - 0.92}{0.92} = \dfrac{0.11}{0.92} \approx \dfrac{1}{9}$

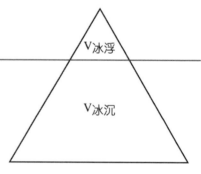

所以一座冰山在海面上與海面下的體積之比約為 1:9,也就是我們看得到的冰山體積僅佔整個冰山的 $\dfrac{1}{10}$ 而已。

　　當物體的平均密度小於水的密度時，物體會上浮；反之，當物體的平均密度大於水的密度時，物體會下沉。

　　例如：潛水艇浮潛的原理就是利用排水與吸水來改變潛艇的平均密度，使潛艇得以上浮或下潛。在潛水艇內部隔間中存有儲水艙與儲氣艙：當潛艇欲上浮時，必須將儲氣艙內的空氣壓入儲水艙中，於是儲水艙的水被排出潛艇外，則潛水艇重量減少，使得潛艇整體的密度跟著減少，因此潛艇得以上浮。當潛艇欲下潛時，必須將儲水艙內的空氣吸回儲氣艙中，於是儲水艙氣壓下降使得海水流回潛艇中，潛水艇重量上升，使得潛艇整體的平均密度跟著上升，因此潛艇得以下沉。

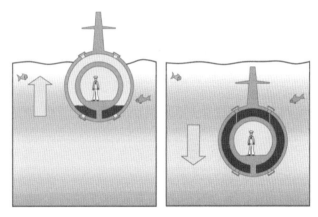

❷ 圖 3-12　潛水艇浮潛的原理：利用排水與吸水改變潛艇的平均密度

例 9　甲、乙、丙三個燒杯，分別裝不同密度的液體中，同一木塊漂浮在各液面的狀況如附圖所示，則木塊在各杯內所受浮力的大小關係為何？

物質	甘油	水	酒精	木塊
密度(g/cm³)	1.2	1.0	0.8	0.6

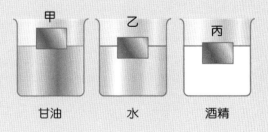

解 > 浮體的浮力等於木塊重，所以木塊在各杯內所受浮力的大小均相同。

隨 堂 練 習 9

丸子三兄弟用餐後將二個大小、材質皆相同的空碗放入水槽中，如圖所示，則三個空碗所受的浮力大小為何。

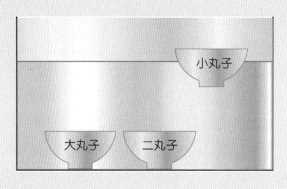

例10 > 將質量 54g、密度 2.7g/cm³ 的鋁塊，放入密度 1.2g/cm³ 的食鹽水中，鋁塊所受浮力為何？

解 > 物體密度＞水的密度，是沉體。

鋁塊體積 $V = M_物/D_物 = 54/2.7 = 20(cm^3)$

所以受到浮力 $B = V_{物沉} \times D_液 = 20 \times 1.2 = 24(gw)$

將體積 $20cm^3$、密度 $2.7g/cm^3$ 的鋁塊，放入密度 $13.6g/cm^3$ 的水銀中，鋁塊所受浮力為何？

3-7 柏努力原理

柏努力原理是指流體的流速越大則壓力越小，例如：飛機上升的原因主要是依賴柏努力原理，觀察飛機的機翼的橫截面都呈現上方較彎曲且下方較平坦的現象（如 3-13 圖所示），於是當飛機起飛時，在機翼前頭的空氣會分成兩股氣流分別流向機翼的上方與下方，此兩股氣流皆同時到達機翼尾端，所以上方的空氣流速比較快，相對的壓力就比較小，而空氣會從壓力大的區域（飛機下方）流向壓力小的區域（飛機上方），於是此時空氣就提供給飛機一個往上的升力，此升力的大小與飛機滑行的速率有關，飛機滑行速率越大，升力就會越大，於是當飛機加速到某個臨界速率時，使得往上的升力大於飛機本身的重力時，飛機就會飛上天了（如圖 3-13 所示）。

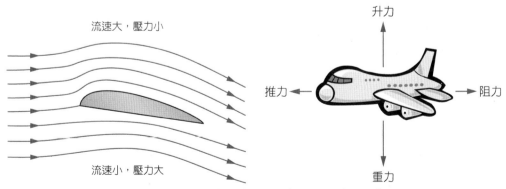

> 圖 3-13　柏努力原理應用：飛機上升

　　另外像棒球投手投出變化球也是柏努力原理的應用，投手要投出變化球須讓球旋轉，當球在旋轉時會造成旋轉面（區分成順時針與逆時針兩種旋轉方向）兩側的空氣流速產生差異，按照柏努力原理指出流體的流速越大則壓力越小，於是球旋轉面兩側的空氣壓力因而不同，於是這個壓力差就使得球的行進發生彎曲垻象。

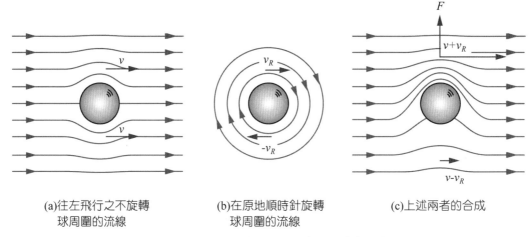

(a)往左飛行之不旋轉　　　　(b)在原地順時針旋轉　　　　(c)上述兩者的合成
　　球周圍的流線　　　　　　　球周圍的流線

> 圖 3-14　柏努力原理應用：變化球

例11　拿起一張 A4 大小的紙張，向紙張的一側吹出與紙張平行的氣流，注意不要把氣直接吹到紙張上，看看紙張會向哪一側靠近，這是為什麼？

解　　紙張一開始會偏向吹氣那側彎曲，因為吹氣那側流速大，所以壓力小，於是空氣會從壓力大的區域（吹氣另一側）流向壓力小的區域（吹氣那側）。

隨 堂 練 習 11

　　拿起兩張 A4 大小的紙張並使之平行，向平行之間空隙吹氣，兩張紙一開始會靠得更近還是遠離？

延 伸閱讀   ⊗ *Physics*

➲ 血壓計原理

　　血壓是指血管內的血液在單位面積上的側壓力，通常以毫米汞柱(mmHg)為單位。當心臟收縮，左心室便會將血液輸出到主動脈，此時血壓最高，稱為收縮壓，接下來，心臟會舒張，血液流入右心房，這個時候血壓最低，稱為舒張壓。

　　一般而言，血壓正常值為 120/80mmHg，120mmHg 是收縮壓，80mmHg 是舒張壓。 如果血壓範圍在 140/90 mm/Hg 以上為高血壓，高血壓是心血管疾病、腦中風、糖尿病、腎臟病等重大慢性病的共同危險因子； 如果血壓範圍在 90/60mm/Hg 以下為低血壓，低血壓是某些潛在疾病的表徵，也不容輕忽。

　　因此血壓為了解身體狀況的一項重要指標，血壓測量也成為健康檢查基礎項目之一。要測量血壓需使用血壓計，早期血壓計為水銀柱式血壓計，後來發展為電子式血壓計。

　　測量血壓的原理是透過壓脈帶加壓，使血流無法通過，此時用聽診器聽不到任何聲音。然後慢慢減壓至聽到血流重新衝開血管後發出咚咚的衝擊音，這就是「科氏音」，此時第一聲科氏音出現的壓力值即為收縮壓。然後再繼續減壓，到某個時間點科氏音完全消失的那一刻，就是舒張壓，代表血管的壓力和外在壓力相同。

　　量血壓時的姿勢也要注意，壓脈帶應該與心臟位置同高，若高於心臟，血壓值會比實際低；若低於心臟，血壓值又會比實際高。此外量血壓時，身體盡量放輕鬆，手部不要用力，才能測出準確的血壓。

➲ 圖 3-15　水銀柱式血壓計

習題 ⚛ Physics

一、選擇題

( ) 1. 哪個實驗說明大氣壓力的作用？ (A)碰撞運動實驗 (B)馬德堡半球實驗 (C)靜力平衡實驗 (D)慣性實驗。

( ) 2. 托里切利實驗中水銀柱的高度變動只與哪個物理量的變化有關？ (A)玻璃管傾斜程度 (B)管徑大小 (C)玻璃管總長度 (D)大氣壓力。

( ) 3. 潛水時會有什麼壓力作用？ (A)只有水壓力 (B)只有大氣壓力 (C)有水壓力也有大氣壓力 (D)沒有任何壓力。

( ) 4. 哪個定律說明了密閉容器中的空氣壓力 P 與體積 V 的反比關係？ (A)虎克定律 (B)牛頓運動定律 (C)查理定律 (D)波以耳定律。

( ) 5. 哪個定律說明了定量定壓的氣體，體積與絕對溫度成正比？ (A)虎克定律 (B)牛頓運動定律 (C)查理定律 (D)波以耳定律。

( ) 6. 某裝水瓶子在瓶身由上而下打了甲、乙、丙三個小洞，從哪個洞噴出的水最遠？ (A)甲 (B)乙 (C)丙 (D)一樣遠。

( ) 7. 馬桶保持一定水位是哪種原理應用？ (A)連通管原理 (B)阿基米得原理 (C)帕斯卡原理 (D)柏努力原理。

( ) 8. 一艘輪船從某淡水的河流駛入海洋中，船在水面下的體積及所受浮力有何變化？ (A)體積增加，浮力增加 (B)體積減少，浮力增加 (C)體積增加，浮力不變 (D)體積減少，浮力不變。

( ) 9. 小伊為了探討同一物體在液體中所受的浮力，做了下列的實驗，從下列哪一組實驗的結果可推論浮力與沒入液體中的體積有關？ (A)甲、乙 (B)甲、丁 (C)乙、丁 (D)丙、丁。

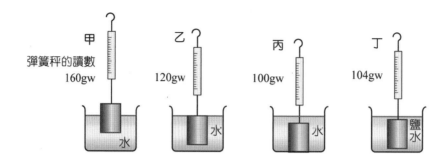

( ) 10. 小漢幫媽媽削水果，媽媽吩咐小漢將削好的蘋果和梨子放入鹽水中，此時他發現蘋果浮在水面，而梨子沉在水中，下列關於上述現象的敘述，何者正確？ (A)梨子的密度大於蘋果的密度 (B)蘋果的體積大於梨子的體積 (C)梨子的質量大於蘋果的質量 (D)梨子的密度小於鹽水的密度。

( ) 11. 承上題，假設鹽水未達飽和，而小漢繼續添加食鹽到鹽水中，直到食鹽完全溶解。此時他發現蘋果仍然浮在水面，而梨子仍然沉在水中，則下列敘述何者正確？ (A)蘋果和梨子所受的浮力都增加 (B)蘋果和梨子所受的浮力都不變 (C)蘋果所受的浮力減少，而梨子所受的浮力不變 (D)蘋果所受的浮力不變，而梨子所受的浮力增加。

( ) 12. 大、中、小三顆同材質的實心木球，均浮於水面上，哪顆球所受的浮力最大？ (A)大球 (B)中球 (C)小球 (D)一樣大。

( ) 13. 變化球會轉彎是哪種原理應用？ (A)阿基米得原理 (B)連通管原理 (C)帕斯卡原理 (D)柏努力原理。

( ) 14. 水壓機是哪種原理應用？ (A)阿基米得原理 (B)連通管原理 (C)帕斯卡原理 (D)柏努力原理。

( ) 15. 用吸管將飲料吸起是哪種物理量作用？ (A)摩擦力 (B)反作用力 (C)大氣壓力 (D)浮力。

二、計算題

1. 質量相同的大、小兩圓形吸盤，半徑比為 4：1，緊緊的吸附在相同的玻璃窗上，馬蓋仙想拔掉大、小吸盤，則所需施力比為何？

2. 若針筒內原有 0.8atm 的空氣 40ml：
   (1) 按緊筒口並壓縮筒內空氣體積成為 10ml，則筒內空氣壓力變成多少？
   (2) 不按筒口並壓縮筒內空氣體積成為 10ml，則筒內空氣壓力變成多少？

3. 定壓下某定量氣體，在-73℃時之體積為 400ml，試求其在 27℃時之體積為多少 ml？

4. 定容下某定量氣體，在 127℃時之壓力為 2atm，試求其在-23℃時之壓力為多少 atm？

5. 將以下四種壓力按大小次序排列：(A)1.5 大氣壓　(B)76cm 水銀柱高 (C)1000 公克重／平方公分　(D)11m 水柱高。

6. 一艘潛水艇潛入海中 20m 處，則其受到的總壓力約為多少個大氣壓。（已知海水密度為 1.03g/cm^3）

7. 有一水壓機，設大小兩活塞的半徑分別為 10cm 及 5cm，今在小活塞施力 6kgw，可將多少公斤重的物體由大活塞舉起？

> 答

8. 將甲物體放入液體中，如圖所示。若甲的質量為 80g，體積為 100cm³，則甲在液面下的體積占本身體積的幾分之幾？

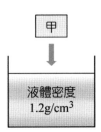

> 答

9. 如圖，物體沉在容器底部，在液體中的物體重量 =240gw，已知液體密度=1g/cm^3，物體體積=300cm^3，請解答以下問題：

(1) 浮力＝？

(2) 物重＝？

(3) 物體密度＝？

答

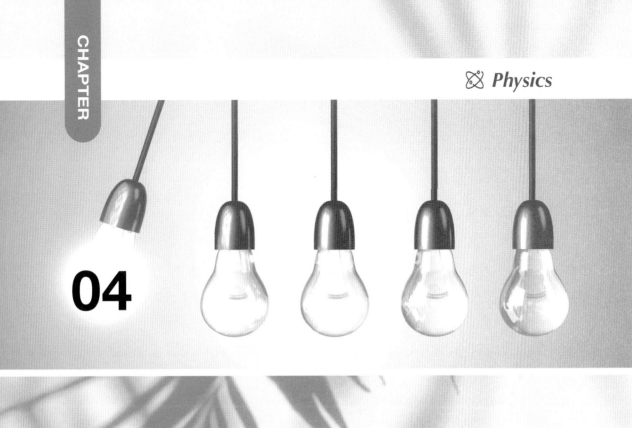

⚛ *Physics*

04

熱 學

4-1 溫度與熱量

● 4-1-1 溫度

　　表達物質冷熱程度的物理量，稱為溫度，微觀上來講溫度是物體分子熱運動的劇烈程度。而溫度計乃是利用物質隨溫度改變的某些特性（如體積、電阻、顏色、輻射光等）的變化以測定溫度，當兩個冷熱不同物體接觸一段時間後，兩物體會達到相同的冷熱程度，則稱兩物體達到熱平衡，此時兩物體具有相同溫度。例如水銀溫度計是利用液體體積的熱脹冷縮來測量溫度，電阻溫度計是一種使用已知電阻隨溫度變化特性的材料（通常為鉑）所製成的溫度計，液晶溫度計利用液晶的顏色隨溫度變化的特性製作，耳溫槍利用掃描耳膜產生的紅外線輻射來測體溫。

(a)水銀溫度計

(b)電阻溫度計

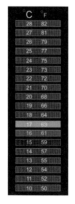

(c)液晶溫度計

(d)耳溫槍

● 圖 4-1　各式的溫度計

溫標有三種，分別是攝氏溫標、華氏溫標與凱氏溫標。

1. 攝氏溫標

攝氏溫標的符號為°C。攝氏溫標的規定是在標準大氣壓下，純水的凝固點為 0°C，水的沸點為 100°C，中間劃分為 100 等份，每等份為 1°C。

2. 華氏溫標

華氏溫標的符號為°F。華氏溫標的定義是在標準大氣壓下，冰的熔點為 32°F，水的沸點為 212°F，中間有 180 等分，每等分為 1°F。

3. 凱氏溫標

凱氏溫標又稱絕對溫標，符號為 K。凱氏溫標以絕對零度 0K 作為溫標的起始點，並用攝氏溫度為單位遞增，絕對零度相當於−273°C。

表 4-1　攝氏溫標、華氏溫標與凱氏溫標對照表

1 大氣壓下	攝氏(°C)	華氏(°F)	凱氏(K)
水的冰點	0°C	32°F	273K
水的沸點	100°C	212°F	373K
冰點與沸點分成	100 等分	180 等分	100 等分
每一等份	1°C	1°F	1K
人體正常體溫	37°C	98.6°F	310K
溫差	$1°C = \dfrac{9}{5}°F$，$1°F = \dfrac{5}{9}°C$，$1K = 1°C$		
轉換公式	$°F = \dfrac{9}{5}°C + 32$，$°C = \dfrac{5}{9}(°F-32)$，$K = °C + 273$		

例 1 攝氏 20°C 相當於華氏多少度？也相當於凱氏多少？

解 $20°C = \dfrac{9}{5} \times 20 + 32 \ (°F) = 68°F$

$\qquad = 20 + 273 \ (K) = 293 \ K$

隨堂練習 1

華氏 104°F 相當於攝氏多少度？也相當於凱氏多少？

○ 4-1-2　熱量

　　溫度不同的兩物體間會有能量的轉移，因溫度不同而轉移的能量稱為熱量。熱量是一種能量，代表一種傳送或流動的量，但不是代表溫度冷熱的狀況。熱量的單位為卡路里，簡稱卡(cal)，1 卡的定義是使 1g 的水溫度上升 1°C 所需的熱量。而 1 仟卡（=1000 卡）的能量可使 1 公斤的水溫度上升 1°C。

　　英國科學家焦耳(James Joule, 1818~1889)完成焦耳實驗，證明力學能可以轉變為熱能。焦耳實驗將定量的水置於絕熱容器內，容器內設有槳葉，實驗的進行是讓容器外的鋼錘自由落下，透過滑輪與承軸帶動槳葉轉動，槳葉與水磨擦產生的熱量，可由水溫的升高測得，焦耳發現由力學能轉變為熱能時，產生每單位熱量所需機械功是一個定值，他稱之為「熱功當量」，其值為 4.186 焦耳／卡。

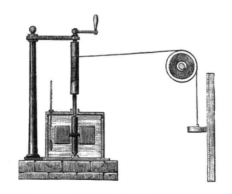

○ 圖 4-2　焦耳的熱功當量實驗裝置

例 2　20.93J 的熱，可使質量 2g，溫度 20°C 的水上升到多少°C？

解　水溫增加 $\dfrac{20.93}{4.186 \times 2} = 2.5$ °C

所以溫度 20°C 的水上升到 22.5°C

隨堂練習 2

　　33.488J 的熱，可使溫度 25°C 的水上升到 27°C，則水的質量是多少？

　　使 1g 的物質溫度上升（或下降）1°C 所需吸收（或放出）的熱量，稱為該物質的比熱。比熱是物質的一種特性，相同的純物質具有相同的比熱，比熱的大小與物質的質量和體積無關，只與物質的種類有關。此外相同物質的不同狀態，比熱也不同，例如水的比熱是 1cal/g°C，冰的比熱是 0.55 cal/g°C。對同質量的物質，供給相同的熱量，則比熱大的物質溫度升降較慢（難升難降）；比熱小的物質溫度升降較快（易升易降）。例如烈日下沙灘溫度比海水高，夜晚時沙灘溫度比海水低，因為水的比熱大，砂的比熱小。地球表面有超過 70%的面積被海水所覆蓋，巨大的質量與較大的比熱，讓海洋具有調節氣候的能力。

▶ 表 4-2　常見物質的比熱

物質	比熱(cal/g°C)	物質	比熱(cal/g°C)
水	1.000	銅	0.092
冰	0.550	銀	0.056
鋁	0.211	汞	0.033
鐵	0.113	金	0.031

比熱是使 1g 的物質溫度上升（或下降）1°C 所需吸收（或放出）的熱量，因此可表示為如下式子：

$$S = \frac{\Delta H}{M \Delta T} \quad 或者 \quad \Delta H = MS\Delta T$$

ΔH：物質吸收或放出的熱量（卡，cal）

M：物質質量（克，g）

S：物質比熱（卡／克°C，cal/g°C）

ΔT：溫差(°C)

例 3 將質量 100 公克且溫度 100°C 的 A 物質投入 100 公克 20°C 的水中，當兩者達熱平衡時，水溫度為幾 °C？（已知 A 的比熱為 0.6 cal/g°C，水的比熱為 1cal/g°C）

解 設達熱平衡時溫度為 t

A 物質放出的熱量＝100×0.6×(100−t)

水吸收的熱量＝100×1×(t−20)

A 物質放出的熱量＝水吸收的熱量

100×0.6×(100−t)＝100×1×(t−20)

得熱平衡時溫度為 t＝50°C

隨 堂 練 習 3

一溫度 150°C、50 克、比熱為 0.2cal/g°C 的鋁塊，投入 200 克、25°C 的水中達到熱平衡後，水溫為 30°C。(1)水吸熱多少卡？(2)鋁塊放熱多少卡？(3)散失熱量多少卡？

在海邊一般而言，白天吹海風，晚上吹陸風，這種現象與比熱有關。白天太陽同時照在海洋與陸地上，但是海洋的比熱大，溫度只升高一些，而陸地的比熱小，溫度升高甚多，所以較熱的陸地就會加熱地面上的空氣，地面上的空氣變熱而膨脹，使得密度變小，熱空氣因而上升，於是海面上的空氣就過來填補，形成了海風。到了晚上，海洋與陸地同時在散熱，但是海洋的比熱大，於是溫度只降低一些，而陸地的比熱小，於是溫度下降的快，相比之下，海洋反而比陸地熱，所以較熱的海洋就會加熱海面上的空氣，海面上的空氣變熱因而上升，於是地面上的空氣就過來填補，形成了陸風。

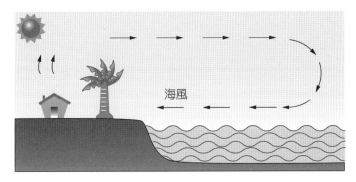

(a)白天吹海風

(b)晚上吹陸風

◎ 圖 4-3　在海邊，白天吹海風，晚上吹陸風，這種現象與比熱有關

4-2 熱的傳播

　　在自然的狀況下溫度不同的兩物體接觸時，熱量由高溫處傳向低溫處，當達到熱平衡時兩物溫度相同。熱的傳遞方式可分傳導、對流、輻射三種：

1. 傳導

　　經由物體直接接觸，熱由高溫傳向低溫物體來傳播熱量的方式，稱為傳導。傳導是固體的主要傳熱方式，傳導效果最好的前三名依序是石墨烯、金剛石與銀，其中石墨烯是由碳原子排列成正六角形的平面薄膜，由英國科學家安德烈‧蓋姆(Andre Konstantin Geim)和康斯坦丁‧諾沃肖洛夫(Konstantin Novoselov)於 2004 年發現，由於石墨烯導熱效果絕佳，因此石墨烯散熱片已成為散熱的明星產品。

● 圖 4-4　石墨烯是由碳原子排列成正六角形的平面薄膜

2. 對流

　　是流體的主要傳熱方式，溫度較高的流體體積變大，密度變小，故會上升；溫度較低的流體體積變小，密度變大，故會下降。此種藉由熱流體上升、冷流體下降而傳熱的現象稱為對流。所以冷氣機要設在房間上方，暖爐要設在房間下方。

3. 輻射

　　絕對溫度零度以上的物體都會由表面輻射出能量，此種熱能的傳遞不需經任何物質傳導，稱為輻射。例如：太陽光經過沒有介質的外太空以輻射方式將熱傳向地球。黑色或粗糙的物體容易吸收輻射熱，也容易放出輻射熱；白色或光亮的物體不易吸收輻射熱，也不易放出輻射熱。因此使用錫箔紙包食物加熱時，要將粗糙面朝外，才容易吸收輻射熱，光滑面朝內，輻射熱才不易散失。

　　以下以熱水瓶的保溫說明熱的傳遞方式，熱水瓶的瓶身一般採雙層設計，中間的夾層抽成真空，如此可以杜絕熱的傳導；當瓶蓋蓋好，整個熱水瓶近似密閉，如此可以杜絕熱的對流；在真空的隔層裏鍍銀，可以把熱輻射反射回去，如此可以杜絕熱的輻射。所以熱水瓶可以保溫就是同時能杜絕傳導、對流、輻射這三種熱的傳遞，使得熱水的熱能幾乎不會散失，才可以長時間維持高溫。

真空部分

雙層玻璃

塗布銀膜

● 圖 4-5　熱水瓶的保溫原理

4-3 熱與物態變化

➤ 4-3-1 物態變化

物質存在的狀態有固體、液體與氣體等三種，隨著物質的溫度變化，物質可以由一種狀態變成另一種狀態，這種物質狀態的轉換過程稱為物態變化。物質從固態變成液態的過程叫做熔化，從液態變成固態的過程叫做凝固，從液態變為氣態的過程叫汽化，從氣態變為液態的過程叫凝結，從固態直接變為氣態的過程叫昇華，從氣態直接變為固態的過程叫凝華。

➤ 圖 4-6　物質的三態變化

熱可使純物質發生狀態改變或溫度改變，但狀態改變時，溫度維持不變。其中物質熔化時的溫度稱為熔點，沸騰時的溫度稱為沸點，凝結時的溫度稱為凝結點，凝固時的溫度稱為凝固點。定壓下，同一種物質的熔點溫度等於凝固點溫度，沸點溫度等於凝結點溫度。例如在 1 大氣壓下，水的熔點與凝固點皆為 0°C，沸點與凝結點皆為 100°C。

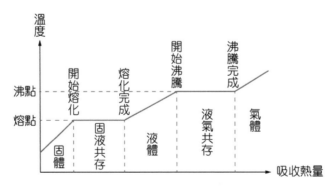

➤ 圖 4-7　物體升溫與三態變化關係圖

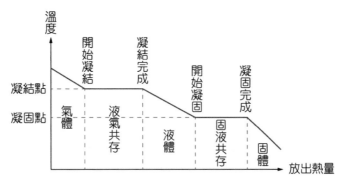

> 圖 4-8　物體降溫與三態變化關係圖

　　汽化可分成蒸發與沸騰兩種型式，都是指液態變為氣態的過程，且都要吸收熱量。但是蒸發是溫度低於沸點時液態轉變成氣態的相變化，通常發生在液體的表面，屬於一種緩慢的汽化現象；沸騰則是液體在溫度達到沸點時從液體表面和內部同時進行的劇烈汽化過程伴隨大量氣泡產生。

4-3-2　潛熱

　　潛熱是單位質量的物質在相變化過程中，溫度沒有變化的情況下，吸收或釋放的能量。潛熱包括熔化熱、汽化熱、凝固熱與凝結熱，其中熔化熱與汽化熱的能量屬於吸熱性，凝固熱與凝結熱的能量屬於放熱性，例如在 1 大氣壓、0°C 之下水的熔化熱與凝固熱同為 80 卡／克，汽化熱與凝結熱同為 539 卡／克。表示要使 1 克冰熔化為水需要熱能 80 卡，1 克水凝固為冰放出熱能 80 卡，1 克水汽化為水蒸氣需要熱能 539 卡，1 克水蒸氣凝結為水放出熱能 539 卡。

例 4　加熱 100 公克 –20°C 的冰塊，使它轉變成 30°C 的水，須提供多少仟卡的熱量？（已知冰的比熱=0.55 cal/g°C，冰的熔化熱=80cal/g，水的比熱=1 cal/g°C）

解　–20°C 冰～0°C 冰需要熱量 $= ms\Delta T = 100 \times 0.55 \times 20 = 1100\,(cal)$

0°C 冰變成 0°C 水需熱量 $= 100 \times 80 = 8000\,(cal)$

$0°C$ 水變成 $30°C$ 水需熱量 $= 100 \times 1 \times (30 - 0) = 3000 \,(\text{cal})$

需要熱量合計：$1100 + 8000 + 3000 = 12100(\text{cal}) = 12.1\,(\text{Kcal})$

隨堂練習 4

　　欲加熱 500 公克 $40°C$ 的水，使它轉變成 $110°C$ 的水蒸氣，須提供多少仟卡的熱量？（已知水的比熱$=1$ cal/g°C，水的汽化熱$=540$cal/g，水蒸氣的比熱$=0.48$cal/g°C）

4-4 熱膨脹

　　多數的物體具有熱漲冷縮的特性，原因是當溫度升高時，組成物體的分子平均間距加大，造成物體外觀上的膨脹，稱為熱膨脹。不同的物質熱脹冷縮的程度會不同，物理上以膨脹係數來說明物質熱脹冷縮的程度，膨脹係數越大表示物質越容易膨脹，膨脹係數越小表示物質越不容易膨脹。

　　在溫度增加幅度不大的情況下，固態物體長度增加的比例與上升的溫度成正比，可寫為如下公式：

$$\frac{\Delta L}{L_0} = \alpha \Delta T$$

ΔL：物體長度增加量

L_0　：物體原長

α　：線膨脹係數

ΔT：溫度增加量

> 圖 4-9　物體的熱膨脹

表 4-3　常見物質在室溫範圍內的線膨脹係數

物質	線膨脹係數 $\alpha(\times10^{-6}\,^{\circ}C^{-1})$	物質	線膨脹係數 $\alpha(\times10^{-6}\,^{\circ}C^{-1})$
鋅	30.2	銅	16.5
鉛	29.3	金	14.2
鋁	23.2	鎳	13.4
錫	22.0	鐵	12.2
銀	18.9	鋼	11.7

　　熱膨脹現象在生活中雖不明顯，但是有些情況必須考慮熱膨脹因素，例如高速公路每隔一段距離留下的縫隙稱為伸縮縫，在天氣炎熱的狀態下，高速公路的路面會膨脹變長，這時伸縮縫就可容納因變長而多出的路面，避免路面因熱膨脹而擠壓變形，鐵軌的伸縮縫與輸油管每隔一段距離就彎成 U 字形都是考慮熱膨脹而做的設計。

(a)高速公路的伸縮縫　　　　　　　　(b)輸油管的 U 字形管路

❯ 圖 4-10　考慮熱膨脹的設計

例 5 ⎮ 如果鋪設鐵軌時的溫度為 10.0°C，每一段鐵軌的長度為 50.0 m，欲使其在溫度 40.0°C 時不致於彎曲變形，則每一節鐵軌之間應留有多大的伸縮縫？（已知鐵的線膨脹係數為 $12\times10^{-6}\,^{\circ}C^{-1}$）

解 根據 $\dfrac{\Delta L}{L_0} = \alpha \Delta T$

得 $\dfrac{\Delta L}{50} = (12 \times 10^{-6})(40-10)$

鐵軌因熱膨脹的伸長量 $\Delta L = 0.018\,\mathrm{m} = 1.8\,\mathrm{cm}$

故伸縮縫至少需為 1.8 cm

隨堂練習 5

　　如果鋪設鐵軌時的溫度為 20.0°C，每一段鐵軌的長度為 25.0 m，欲使其在溫度 40.0°C 時不致於彎曲變形，則每一節鐵軌之間應留有多大的伸縮縫？（已知鐵的線膨脹係數為 $12 \times 10^{-6}\,\mathrm{°C^{-1}}$）

　　此外像雙金屬片是生活上利用熱脹冷縮的原理製成的產品，可運用在聖誕燈泡、汽車方向燈、吹風機等電器的控溫裝置。雙金屬片是將兩種具有不同膨脹係數的金屬片接合在一起，當電器的電流接通並使用一段時間後，由於溫度增高，因為膨脹係數大的金屬片膨脹得快，膨脹係數小的金屬片膨脹得慢，所以會造成膨脹係數大的金屬片向膨脹係數小的金屬片的方向彎曲，造成斷路，之後溫度下降雙金屬片恢復伸直原狀，變成通路。因此將雙金屬片裝置在電路上，利用「溫度升高則雙金屬片彎曲，溫度降低則雙金屬片伸直」的特性，就可以控制電器通電與否。

　　少數物質如銻、鉍與 0~4°C 的水具有冷脹熱縮的特性。以水為例，水在 4°C 密度最大，因此當水溫從 4°C 下降到 0°C 過程中，密度變小，由於質量不變，所以體積變大，因此呈現冷脹的現象；反之，水溫從 0°C 上升到 4°C 過程中，密度變大，由於質量不變，所以體積變小，因此呈現熱縮的現象。

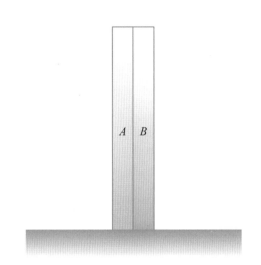
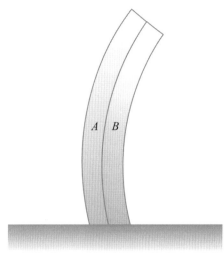

(a)正常溫度下　　　　　　　　　　　　(b)溫度增高後

> 圖 4-11　溫度升高，雙金屬片產生彎曲現象
（假設 A 金屬膨脹係數大於 B 金屬）

4-5 熱對環境的影響

由於現代工業化生產與人類生活排出各種廢熱大量進入大氣與水體，造成環境的熱汙染。工廠的冷卻水與工業廢水含有大量廢熱，廢熱排入河川與海洋會造成局部區域水溫升高，使得水中溶氧量大減，引發水生動植物的死亡，例如核能發電廠將廢熱水排放至海洋，附近海域的珊瑚可能會受到影響，產生白化現象而死亡，核二廠也曾因排放廢熱水導致魚類變成畸形，產生所謂的祕雕魚。

> 圖 4-12　水體熱汙染造成魚類畸形（祕雕魚）

　　運輸工具、加熱與冷卻裝置產生廢熱排放到大氣中，會改變大氣系統，影響數千公里遠的地區，使部分地區顯著增溫或冷卻，環境溫度異常會造成當地生態改變，甚至影響人類健康。例如夏天大量使用冷氣機，把室內的熱排到室外的結果，會對環境造成熱汙染。

　　熱對環境的影響除了熱汙染以外還包括溫室效應(Greenhouse effect)，大氣中的溫室氣體有水蒸氣、二氧化碳、甲烷、一氧化二氮、氯氟碳化合物及臭氧，溫室氣體的功能類似溫室的玻璃，可透過太陽光，但能吸收或反射地表發出的熱輻射－紅外光，使輻射熱無法釋放至大氣中，地球周遭環境溫度因而升高，稱為溫室效應。正常情況下溫室效應可保持地球溫暖以支持生命體的生存，如沒有溫室效應，地球就會冷得不適合人類居住，此時地球表面平均溫度會低到-18°C。正是有了溫室效應，使地球平均溫度維持在 15°C，然而當下過多的溫室氣體導致地球平均溫度高於 15°C。

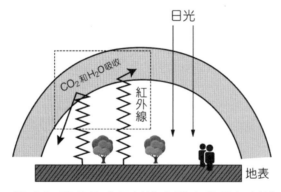

　　◎ 圖 4-13　　溫室氣體吸收或反射地表發出的熱輻射造成溫室效應

　　人類大量使用石化燃料和濫伐森林使二氧化碳濃度持續增加，造成全球過度暖化，使地球均溫升高，南北極冰被、冰棚、冰山熔化成水，造成海平面上升，陸地減少。1997 年京都議定書規範工業國未來溫室氣體排放目標，以期減少溫室效應對全球環境所造成的影響。事實上，南太平洋島國吐瓦魯(Tuvalu)部份土地已遭海洋吞沒。溫室效應造成的全球暖化，沒有一個國家可以置身事外，身為地球村一分子的我們都應該高度關切並響應節能減碳的積極作為。

▶ 圖 4-14　在全球暖化之下南太平洋島國吐瓦魯的國土面臨海平面上升的威脅

熱傷害

　　人類屬於恆溫動物，正常的體溫約在 37°C，這樣才能維持體內各種生化反應的正常運作。體溫的恆定主要由腦部下視丘中的體溫調節中樞負責，體溫調節中樞透過傳導、對流、輻射和蒸發等方式，經由皮膚、汗腺、血管和呼吸進行體溫調控。例如天氣熱的時候，體溫調節中樞會使血管擴張與血流加速使熱可以快速傳遞到皮膚，同時也讓體內的水分及熱能藉由汗腺蒸發出體外，由於蒸發作用為吸熱反應，可達到體內降溫的散熱效果。

　　當周遭環境溫度超過體溫時，因熱的傳遞由高溫傳向低溫，此時傳導、對流、輻射的散熱效果變差，身體主要依賴汗水蒸發來散熱，一旦身體無法正常調節高溫，就會產生熱傷害。常見的熱傷害包括熱痙攣、熱衰竭、熱中暑等，熱痙攣屬於輕度熱傷害，主要症狀為大量流汗與肌肉抽筋等；熱衰竭屬於中度熱傷害，主要症狀為頭暈、頭痛、大量流汗、臉色蒼白、心跳加速與皮膚濕冷；熱中暑為最嚴重熱傷害，主要症狀為頭暈、頭痛、意識不清、高燒與皮膚發紅發熱等症狀，若處理不當，會導致器官衰竭，甚至死亡。

　　預防熱傷害的三要訣：「保持涼爽、補充水分、提高警覺」，共同守護健康。

一、保持涼爽

　　穿著寬鬆、透氣的衣服，盡可能遠離高溫環境，待在陰涼通風或有空調的地方。

二、補充水分

　　隨時補充水分，不必等到口渴才喝水，一天至少要喝 2000c.c.的開水，排汗與排尿可協助散熱。

三、提高警覺

　　隨時留意自己與周遭親友的身體狀況，當出現大量流汗、體溫升高、皮膚乾熱變紅、頭暈與頭痛等疑似熱傷害症狀，需設法降低體溫並迅速求救。

習題

⚛ *Physics*

一、選擇題

(　) 1. 利用紅外線輻射來測體溫的溫度計是哪一種？　(A)水銀溫度計 (B)耳溫槍　(C)液晶溫度計　(D)電阻溫度計。

(　) 2. 華氏溫標的定義是在標準大氣壓下，冰的熔點為 32°F，水的沸點 為 212°F，中間有多少等分？　(A)50　(B)90　(C)100　(D)180。

(　) 3. 絕對零度相當於多少°C？　(A)0°C　(B) −100°C　(C) −173°C　(D) −273°C。

(　) 4. 溫度計無法直接或間接測出下列哪項？　(A)物質溫度　(B)物質溫 度的變化　(C)物質所含熱量　(D)物質所含熱量的變化。

(　) 5. 甲杯中的水溫度 50°C，乙杯中的水溫度 122°F。則甲、乙兩杯水的 溫度何者較高？　(A)甲較高　(B)乙較高　(C)一樣高　(D)無法比 較。

(　) 6. 在兩個質量和溫度皆相同的物體各加給相同的熱量，最後兩物體的 溫度不相同，是哪項因素造成？　(A)體積　(B)比熱　(C)膨脹係數 (D)密度。

(　) 7. 熱功當量其值為多少焦耳／卡？　(A)1.186　(B)2.186　(C)4.186 (D)8.186。

(　) 8. 傳導效果最好的物質是什麼？　(A)石墨烯　(B)黃金　(C)銅　(D) 銀。

(　) 9. 冷氣機要設在房間上方，暖爐要設在房間下方，這是利用哪一種熱 的傳遞方式？　(A)傳導　(B)對流　(C)輻射　(D)蒸發。

(　) 10. 熱水瓶的真空隔層鍍銀以保溫，這是隔絕哪一種熱的傳遞方式？ (A)傳導　(B)對流　(C)輻射　(D)蒸發。

( ) 11. 物體在熔化過程，為固體與液體共存階段，此時物體溫度如何變化？ (A)不變 (B)升高 (C)降低 (D)忽高忽低。

( ) 12. 屬於放熱性的能量是哪一種？ (A)熔化熱 (B)汽化熱 (C)昇華熱 (D)凝結熱。

( ) 13. 輸油管每隔一段距離彎成何種形狀以預防熱膨脹？ (A)三角形 (B)圓形 (C)H 字形 (D)U 字形。

( ) 14. 雙金屬片可運用在電器的控溫裝置不包括哪一項？ (A)聖誕燈泡 (B)電風扇 (C)汽車方向燈 (D)吹風機。

( ) 15. 有關熱對環境的影響，下列敘述何者正確？ (A)溫室效應使地球平均溫度升高，海水加速蒸發，造成海平面下降 (B)夏天大量使用冷氣機，把室內的熱排到室外的結果，不會對環境造成熱汙染 (C)工廠大量排放熱水，進入大海，會影響該區域海洋的生態 (D)大氣中二氧化碳的濃度升高，使地球溫暖化，有助於所有動植物的生長。

二、計算題

1. 凱氏溫標與華氏溫標具有相同讀數的溫度為何？

2. 歐美國家常用的溫標為華氏溫標其單位為「°F」，元旦跨年當晚臺北氣溫只有 15°C，若換算為華氏溫標為多少度？

3. 627.9J 的熱，可使質量 5g，溫度 25°C 的水上升到多少°C？

4. 將質量 200 公克且溫度 120°C的甲物質投入 100 公克 30°C的水中，當兩者達熱平衡時，水溫度為多少°C？（已知甲的比熱為 0.4 cal/g°C，水的比熱為 1 cal/g°C）

5. 加熱 400 公克−10℃的冰塊，使它轉變成 100℃的水蒸氣，須提供多少仟卡的熱量？（已知冰的比熱=0.55 cal/g℃，冰的熔化熱=80cal/g，水的比熱=1 cal/g℃，水的汽化熱=540cal/g）

6. 若運動可以使人每小時產生 290 仟卡的熱量，其中 60%的熱會藉著水分的蒸發而流失，小欣運動半小時會流失多少公克的水分。（已知在體溫 37℃ 之下水的蒸發熱約 580 卡／克）

7. 若使用鋼材鋪設鐵軌，每一段鐵軌在 0°C 時長為 25 公尺，欲使其在溫度 40.0°C 時不致於彎曲變形，則每一節鐵軌之間應留有多大的伸縮縫？（設鋼之線膨脹係數為 $11 \times 10^{-6}\,°C^{-1}$）

05

聲　波

5-1 波的意義與傳播

● 5-1-1　波與波動

　　物質受外界擾動，產生凸起凹下或疏密相間的部分稱波，如水波、繩波與彈簧波。波由擾動處向外傳遞出去的現象稱為波動，如水波朝岸邊前進。

　　傳遞波動的物質稱為介質，例如水波的介質是水，繩波的介質是繩子，彈簧波的介質是彈簧。波傳播的過程，只有能量傳遞，介質則在原地往返振動，並不隨波前進，所以波只傳送能量，傳送波形，但不傳送介質。例如水面上的保麗龍片不會隨水波向前傳送，只在原處上下振動。繩子上的塑膠圈不會隨繩波向前傳送，只在原處上下振動。

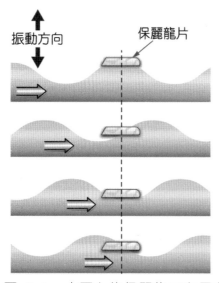

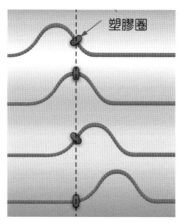

● 圖 5-1　水面上的保麗龍只在原處上下振動

● 圖 5-2　繩子上的塑膠圈只在原處上下振動

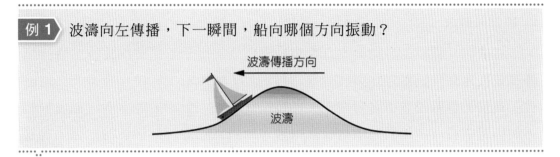

例 1 波濤向左傳播，下一瞬間，船向哪個方向振動？

波濤傳播方向

波濤

解 向上振動

隨堂練習 1

波向右前進，下一瞬間（虛線部分），A、B、C 三點分別向哪個方向振動？

B

A

C

波前進方向

➋ 5-1-2　波的種類

波依照介質有無來區分，可分為力學波與非力學波；波依照介質振動方向與波行進方向來區分，可分為橫波與縱波。

1. 力學波與非力學波

波依照介質有無來區分，可分為力學波與非力學波。力學波又稱機械波，需要介質傳遞能量，如水波（介質為水）、繩波（介質為繩）、彈簧波（介質為彈簧）與聲波（介質可為空氣）。非力學波又稱非機械波，不需要介質也可傳遞能量，如電磁波。

2. 橫波與縱波

　　波依照介質振動方向與波行進方向來區分，可分為橫波與縱波。橫波又稱高低波，介質振動方向與波行進方向垂直，如水波、繩波、彈簧波與電磁波，電磁波傳遞雖然不需要介質，但是電磁波當中電場振動方向、磁場振動方向與電磁波行進的方向兩兩相互垂直，故將電磁波歸為橫波的一種。縱波又稱疏密波，介質振動方向與波行進方向平行，如聲波與彈簧波。彈簧波可以是橫波也可以是縱波，端看彈簧振動方向與波行進方向垂直或平行而定。

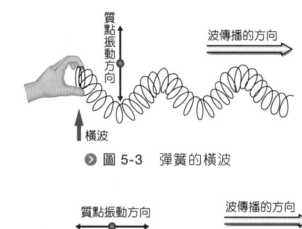

❯ 圖 5-3　　彈簧的橫波

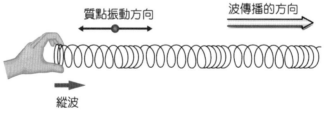

❯ 圖 5-4　　彈簧的縱波

❯ 5-1-3　波的相關名稱

　　波依照某種振動方式將能量由波源向外傳播出去，為了解波的性質，對波的相關名稱包括波峰、波谷、振幅、波長、週期、頻率與波速作如下說明：

1. **橫波的相關名詞**

   (1) 波峰：波的最高點。

   (2) 波谷：波的最低點。

   (3) 振幅：離平衡位置到波峰或波谷的距離。

   (4) 波長(λ)：兩相鄰兩波峰或波谷的距離（任兩相鄰對應點間的距離）。

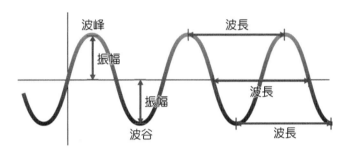

> 圖 5-5　橫波的波峰、波谷、振幅與波長

2. **縱波的相關名詞**

   (1) 波峰：密部的中點。

   (2) 波谷：疏部的中點。

   (3) 波長(λ)：兩相鄰密部或疏部的距離。

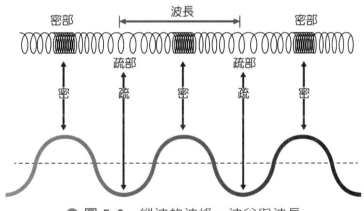

> 圖 5-6　縱波的波峰、波谷與波長

3. **週期(T)**：波振動一次所花的時間。單位：秒／次或秒。

4. **頻率(f)**：波每秒振動的次數。單位：次／秒或 1／秒，又稱赫茲(Hz)。

週期與頻率互為倒數關係：Tf＝1 或　T＝1/f。

5. **波速**

波在單位時間所走的距離稱為波速，對週期波而言，能量在一個週期(T)內所傳遞的距離即為波長(λ)，又因週期與頻率互為倒數關係，於是有如下之波速公式：

$$波速 = \frac{波走的距離}{波所花的時間} = \frac{波長}{週期} = 頻率 \times 波長$$

$$V = \frac{\lambda}{T} = f\lambda$$

聲波波速的快慢與傳送波的介質與狀態有關，在同一介質與同一狀態下傳送的波，波速相同，此時頻率和波長成反比，頻率變大，波長變短；頻率變小，波長變大。而當同一聲波進入不同介質中時，頻率會維持不變，但波速會改變，由於波速 $V = f\lambda$，此時波速 V 與波長 λ 成正比。例如聲波在水中的波速大於空氣中的波速，當聲波自空氣傳入水中時，頻率不會改變，但波長會增加。

例 2 有一個水波產生器，每秒振動 5 次，則其產生之週期波的週期為多少？

解 頻率＝5 次／1 秒＝5（赫茲）
週期＝1 秒／5 次＝0.2（秒）

隨堂練習 2

有一個繩波，每分鐘產生 240 個全波，則繩波的振動頻率與週期分別為多少？

例 3 在空氣中相同狀態下甲、乙兩聲波的頻率分別為 150Hz 和 600Hz，求甲乙兩聲波的波長比？

解 在同一介質中，同一狀態下傳送的波，波速相同，此時頻率和波長成反比。

因為甲頻率：乙頻率=150：600 = 1：4

所以甲波長：乙波長=4：1

隨堂練習 3

已知聲波在空氣中的波速為 350(m/s)，在水中波速為 1400(m/s)，同一聲波在空氣中的波長與在水中波長的比為多少？頻率的比又為多少？

5-2 聲音的形成

聲音是物質振動產生的波動，需要靠介質傳播才能聽到，傳播聲波的介質，可以是固體、液體或氣體。在空氣中傳播的聲波是縱波，例如連續振動的音叉，使周圍的空氣分子形成疏密相間的縱波。當聲波到達耳膜，會使耳膜震動，震動經中耳

▶ 圖 5-7　音叉震動產生聲波

傳至內耳，把震動轉成神經訊息傳至腦部，於是產生聽覺。

聲波在介質中傳遞的速度，稱為聲速。聲速往往因介質種類、狀態等因素而影響其行進的速度。通常聲音傳播速率是在固體中最快，其次是在液體中，最慢的是在氣體中，如下式：

$$V_{固體} > V_{液體} > V_{氣體}$$

◆ 表 5-1　在不同介質中的聲速

介質種類	聲速比較	傳聲介質	聲速（公尺／秒）
固體	快	玻璃	5500
		鋼	5200
		松木	3320
液體	中	海水	1520
		純水	1490
氣體	慢	15°C空氣	340
		0°C空氣	331
無	零	真空	0

在空氣中傳播的聲速，因空氣的溫度、濕度、密度…等不同而不同。溫度越高，聲速越快，在乾燥無風的空氣中，0℃的聲速為每秒傳播 331 公尺，每升高 1℃，聲速增加 0.6 m/s。此時的聲速公式如下：

聲速 $V = 331 + 0.6T$

V：聲速（公尺／秒，m/s）
T：溫度（℃）

例 4 假設月球受到隕石撞擊而產生大爆炸時，地球上的人能不能聽到爆炸聲？

解 因為聲音的傳遞需要介質，而外太空沒有空氣，所以地球上的人不能聽到爆炸聲。

隨堂練習 4

假設月球受到隕石撞擊而發光，地球上的人能不能看到光？

例 5 大寶想測量於住家附近一枯井的深度，他在井口向內喊話，經過 0.2 秒後聽到回聲，若當時井中氣溫維持在 15℃，則大寶測得的枯井深度為多少公尺？

解 在 15°C 的空氣中，聲音每秒可傳播 331+0.6×15＝340（公尺），已知 0.2 秒後可聽到回聲， 由此可測得枯井深度為：340×0.2/2＝34（公尺）。

隨堂練習 5

茜紋正對著山壁大叫，經過 4 秒後聽到回聲，那時的氣溫是 20°C，試問她距山壁多遠？

人類所能聽到的聲波頻率範圍為 20~20000(Hz)，頻率超過 20000(Hz)的聲波稱為超聲波（或稱超音波），比如蝙蝠或海豚會發出超聲波；而頻率低於 20(Hz)的聲波稱為次聲波（或稱次音波），比如地震或火山發生前會發出次聲波。無論是超聲波或次聲波都是我們人類聽不到的，其他動物的聽覺頻率範圍與人類不同，例如狗所能聽到的聲波頻率範圍為 15~50000(Hz)，其聽覺範圍遠超過人類，所以狗可以聽到一些人類聽不到的聲音，有些寵物商店甚至播放一些只有狗狗們才可以聽到的高頻音樂。

地震、火山　　人類　　蝙蝠、海豚

次聲波　20　聲波　20000　超聲波　頻率(HZ)

❯ 圖 5-8　以頻率將聲音分為次聲波、聲波與超聲波

5-3 聲波的反射與折射

當聲波從一種介質傳播到另一種介質時，在兩種介質的分界面上，傳播方向會發生變化，產生反射及折射現象。

⬆ 5-3-1　聲波的反射

聲波在行進中遇到障礙物，無法穿越而返回原介質的現象，稱為反射，這種聲波反射現象也稱為回聲。

聲音的反射遵守反射定律，反射定律遵守以下兩條件：

1. 入射線、反射線、法線在同一平面上，入射線與反射線在法線的兩側。

2. 入射角＝反射角。

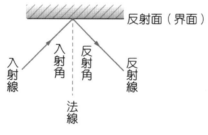

⬆ 圖 5-9　反射定律

回聲與入射聲波的差異在於回聲振幅較小及行進方向改變，而波長、頻率與聲速均不變。此外光滑的硬表面容易產生回聲，柔軟、有孔隙的表面因為聲音易被吸收，不易產生回聲，因此空蕩蕩的大房子容易有回聲，但是擺放了地毯、窗簾布與海綿等物品後，回聲就會消失。

> 例 6　兩聲音相差 0.1 秒以上，人耳才能分辨，請證明在 15°C 的氣溫下，發聲體和聲音反射面距離須達 17 公尺以上，才能聽到回聲。

解 在 15°C 的聲速 V=331 +0.6×15=340(m/s)

要聽到回聲，從發出聲音到聽到回聲的時間至少為 0.1 秒，因此發聲體和聲音反射面距離至少為

340×0.1/2=17（公尺）

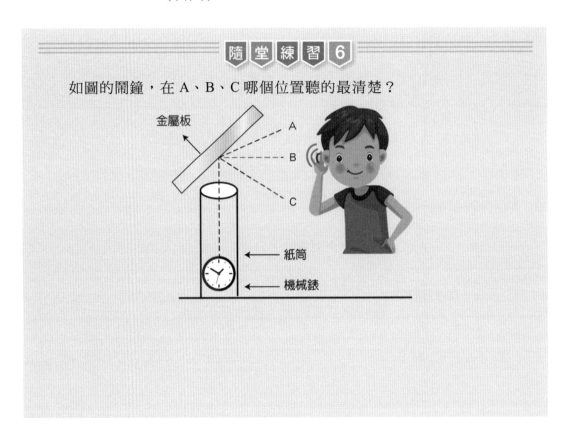

隨堂練習6

如圖的鬧鐘，在 A、B、C 哪個位置聽的最清楚？

金屬板

A

B

C

紙筒

機械錶

● 5-3-2 聲波的折射

聲音在不同介質中傳遞，因速度不同而使傳播方向發生偏折的現象，稱為折射。由於聲波在熱空氣中行進速度較快，在冷空氣中行進速度較慢，因此當聲波由熱空氣進入冷空氣，或者由冷空氣進入熱空氣，都會發生折射的現象，而折射的方向會偏折向速度較慢（較冷）的一方。

聲音白天傳不遠，晚上傳得遠，這個現象與聲波折射有關，以唐朝詩人張繼寫過一首千古傳誦的詩「楓橋夜泊」為例：

月落烏啼霜滿天

江楓漁火對愁眠

姑蘇城外寒山寺

夜半鐘聲到客船

　　這首詩描繪了異鄉遊子的心情寫照，當時正值深夜，張繼在楓橋下的船中還睡不著，正當內心百感交集之際，卻聽到從遠方寒山寺傳來的鐘聲，那陣陣鐘聲更加使得詩人滿懷愁緒的心迴盪不已。要知道楓橋與寒山寺距離頗遠，白天聽不到鐘聲，何以夜裡張繼卻能聽到清晰可聞的鐘聲。

　　因為白天靠近地面的空氣較熱，上層的空氣較冷，所以當聲音向四周傳播時，聲音會漸漸地折射向上，如此一來，聲音就無法傳遞很遠。到了夜晚由於地面急速輻射冷卻，可能會產生輻射逆溫，使得靠近地面的空氣較冷，上層的空氣較熱，所以當聲音向四周傳播時，聲音會漸漸地折射向下，於是聲音就可以傳遞比較遠。所以由於聲波的折射使得夜晚聲音傳遞得比較遠，這也就是為什麼會「夜半鐘聲到客船」的原因。

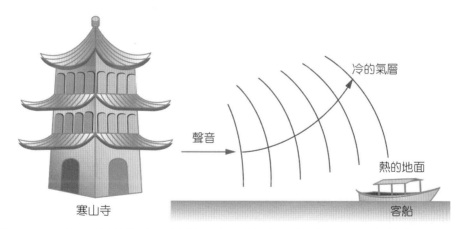

▶ 圖 5-10　白天地面的空氣較熱，上層的空氣較冷，所以當聲音向四周傳播時，聲音會漸漸地折射向上

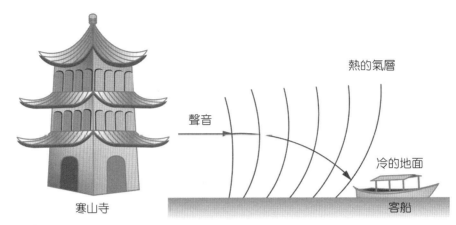

◎ 圖 5-11　夜晚近地面的空氣較冷，上層的空氣較熱，所以當聲音向四周傳播時，聲音會漸漸地折射向下

5-4　多變的聲音

◎ 5-4-1　樂音三要素

影響聲音多變的因素有響度、音調與音色，稱為樂音三要素。

1. 響度

響度又稱音量，指聲音的強弱程度（大聲或小聲）。響度由聲波的振幅決定，振動體的振幅越大，表示能量越大，發出的音量越大，傳遞的距離也越遠。響度的單位為分貝(dB)，每增加 10 分貝，聲音的強度便增強為 10 倍，0 分貝是人耳能接受的最低能量，並不是能量等於 0；一般認為 80 分貝以上的聲響對身體健康有害。

例 7　30 分貝的聲音強度是 20 分貝聲音強度的多少倍？

解　每增加 10 分貝，聲音的強度便增強為 10 倍，因此 30 分貝的聲音強度是 20 分貝聲音強度的 10 倍。

40 分貝的聲音強度是 20 分貝聲音強度的多少倍？

在聽診器還未發明以前，醫生聽診一般採用直接聽診，即用耳朵隔著一條手巾直接貼著病人身體來聽診，但是這種聽診方法有其限制並且效果不佳。後來法國醫生雷奈克(Laennec, 1781~1826)於 1816 年發明聽診器，用以放大並聆聽身體內的聲音。聽診器的前端（聽診頭）是一個面積較大的膜腔，當體內聲波鼓動膜腔後，聽診器內的密閉氣體隨之振動，而隨後由於腔道漸漸細窄，氣體振幅就比前端大很多，由此放大了患者體內的聲音。

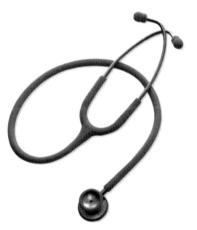

> 圖 5-12　聽診器

2. 音調

音調指聲音的高低。音調由聲波的頻率決定，振動體振動越快，振動的頻率越大，發出的聲音越高。越輕、薄、短、小、細、緊的物體，振動越快，頻率越大，聲音越高。人的聲音是由聲帶的振動所引起，其中男生的聲音頻率約 80~200 赫，女生的聲音頻率約 250~600 赫，女生發聲時的聲帶振動頻率較大，所以女生的聲音較高，男生的聲音較低。

例如中國古代的大型打擊樂器「編鐘」興起於西周，盛行於春秋、戰國直至秦、漢。編鐘由若干個大小不同的鐘有次序地懸掛在木架上編成一組或幾組，每個鐘敲擊的音高各不相同。編鐘的鐘體小，振動快音調就高；鐘體大，振動慢音調就低。

▶ 圖 5-13　中國古代的大型打擊樂器「編鐘」

3. 音色

　　音色又稱音品，指聲音的特色。音色由聲波的波形決定。即使各樂器的音高、音量相同（頻率、振幅一樣），但因為波形不同，而有不同的音色。音色為各種樂器獨特具有的發音特色，為辨別樂器種類的依據。

　　以下藉由圖說明樂音三要素（響度、音調與音色）的差異：

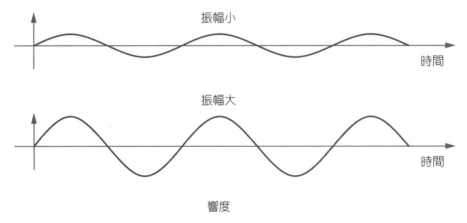

▶ 圖 5-14　兩頻率、波形相同但振幅不同的波

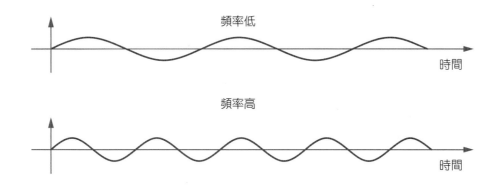

▶ 圖 5-15　兩振幅、波形相同但頻率不同的波

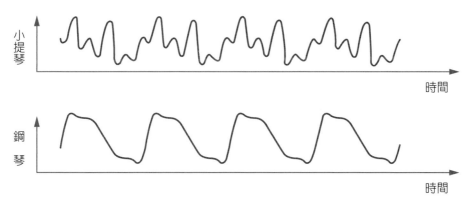

▶ 圖 5-16　兩振幅、頻率相同但波形不同的波

🔵 表 5-2　響度、音調、音色的比較

樂音三要素	意義	聲波	單位	相關性
響度	聲音大小	振幅	分貝	振幅大 響度大 聲音大
音調	聲音高低	頻率	赫茲	頻率高 振動快 聲音高
音色	聲音特色	波形	-	-

例 8 電影院正上映著精彩的科幻片，背景音樂傳來低沉短節奏的鼓聲，配上不時出現的小提琴樂音。突然出現一聲尖叫聲，讓觀眾嚇出更響亮的陣陣尖叫。請由上述短文回答以下問題：

我們可以從背景音樂分辨出不同樂器的樂音，原因是因為不同的樂器，它們的何種樂音性質不同？

解 音色不同。

隨 堂 練 習 8

觀眾的尖叫聲比電影中的尖叫聲還大，這是因為何種樂音性質不同？

● 5-4-2 共鳴

　　共鳴指一物體振動時，造成另一個振動頻率相同的物體，由靜止而產生共振發聲的現象。例如調音師利用音叉發出的聲音和樂器產生共鳴來調音，另外絃樂器的共鳴箱可與弦線產生共鳴，增加聲音的音量。

　　而人之所以可以發出宏亮的聲音，也是共鳴作用的結果。雖然人的聲音由聲帶振動引起，但是只靠聲帶振動引起聲音是頗為微弱，要發出宏亮的聲音尚需與體內的共鳴腔產生共鳴，人類發音的主要共鳴腔體包括胸腔、喉腔、咽腔、口腔、鼻腔、頭腔等，一般人只使用到喉腔、咽腔、口腔與鼻腔的共鳴，但是聲樂家會用到胸腔共鳴與難度更高的頭腔共鳴。

杯子音樂是一個有趣的共鳴裝置，將高腳杯裝水，用沾濕的手指頭摩擦杯口，會發出共鳴的聲音。造成杯子的振動，此種振動會進而影響杯內空氣的來回移動，一旦杯子的振動頻率與杯內空氣特定的振動頻率相同時，就會引起杯內空氣的共振，此時你就會聽到共鳴的聲音。杯子大小與杯中水量是影響共鳴頻率的因素，當杯子越小、水量越少則振動越快、頻率越高，杯子越大、水量越多則振動越慢、頻率越低。

▶ 圖 5-17　杯子音樂

5-5　都卜勒效應

都卜勒效應是波源和觀察者有相對運動時，觀察者接受到波的頻率與波源發出的頻率並不相同的現象。當波源與觀察者彼此接近時，觀察者所得到的波的頻率會升高；當波源與觀察者彼此遠離時，觀察者所得到的波的頻率會降低。例如聽到遠方行駛過來的火車鳴笛聲的音調變得更高，這是因為頻率變高的關係。

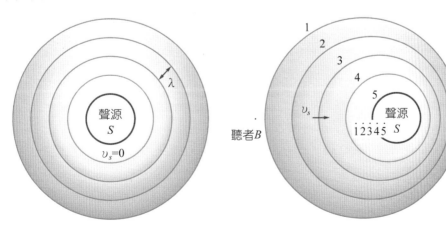

(a)靜止之聲源所發出的聲波　　(b)向聽者 A 移動之聲源所發出聲波

▶ 圖 5-18　都卜勒效應

都卜勒效應的適用範圍不只是聲波，以路邊常見的測速器為例，就是結合電磁波與都卜勒效應來測速，測速器首先發出無線電波，當無線電波在行進的過程中碰到車子時，該無線電波會被反射回來，根據都卜勒效應，如果車子是靜止，則反射回來的無線電波的頻率不變；如果車子是在靠近，則反射回來的無線電波的頻率會升高；如果車子是在遠離，則反射回來的無線電波的頻率會降低，於是測速器就根據接收到的反射波的頻率變化，再進一步推算出車子的速度。

例 9 兩車同向前進，甲車在前且車速 100 (m/s)，乙車在後且車速 110 (m/s)，乙車駕駛按喇叭，甲車駕駛聽到的頻率會變得如何？

解 因為兩車接近中，所以甲車駕駛聽到的頻率會變高。

隨堂練習 9

如圖，急駛的消防車發出頻率為 f 的警報聲。位在不同位置的甲、乙兩人，聽見的警報聲的頻率分別為 $f_甲$ 及 $f_乙$，則 f、$f_甲$、$f_乙$ 三者的大小關係為何？

甲　　　　　　　乙

根據都卜勒效應得到觀察者與聲源的頻率關係為：

$$f' = (\frac{v \pm v_0}{v \pm v_s})f$$

f' 為觀察者得到的頻率

f 為聲源的發射頻率

v 為聲速

v_0 為觀察者的移動速度，若接近聲源取＋號，若遠離聲源取－號

v_s 為聲源的移動速度，若遠離觀察者取＋號，若接近觀察者取－號

例10 觀察者以 15 公尺／秒的速度接近一個靜止聲源，聲源發出頻率為 460 赫茲的聲波，設空氣中的聲速為 345 公尺／秒，則觀察者聽到的聲波頻率為多少？

解 聲源的發射頻率 f=460（赫茲）

聲速 v=345（公尺／秒）

觀察者的移動速度 v_0 = 15（公尺／秒），接近聲源取＋號。

聲源的移動速度 v_s = 0

故觀察者得到的頻率 $f' = (\frac{345 + 15}{345}) \times 460 = 480$（赫茲）

===== 隨堂練習**10** =====

兩車同向前進，甲車在前且車速 100(m/s)，乙車在後且車速 110(m/s)，乙車駕駛按喇叭，發出頻率為 980 赫茲的喇叭聲，甲車駕駛聽到的頻率會變為多少？（已知聲速 355m/s）

延 伸閱讀 ⊗ *Physics*

● 超音波在醫學上應用

　　超音波在醫學上的使用包括檢查與治療兩方面，其中超音波檢查屬於醫學影像學診斷技術，透過超音波使人體內部肌肉與器官可視化，例如懷孕婦女於 20 週之後，大部分都會實施超音波檢查胎兒發育是否健全。超音波治療是把高頻率的超音波打進身體裡，使能量進入人體特定部位，以達到治療的效果，可用於治療肌肉、韌帶、肌腱等軟組織的損傷。另外超音波也有清潔功能，可利用超音波來清洗眼鏡、假牙、外科手術用具等。由此看來，超音波的應用真是十分廣泛且重要。

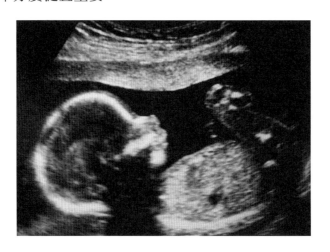

　　醫學上有所謂的都卜勒超音波，可以測定血流速度與心血管肌肉組織之運動狀態，舉凡心臟、頸部、四肢及內臟血管，都可以經由此項檢查測定血流阻塞情況、是否有靜脈曲張、血栓或動脈瘤等。超音波估計血流速度的原理，是藉由偵測血流移動所產生的都卜勒效應，將偵測到的都卜勒頻率偏移換算為移動速度。另外也可以利用都卜勒超音波，來測量胎盤血流，了解胎兒生理活動狀況，利用胎兒心臟血流波形測定，來診斷先天心臟畸形、心律不整與評估心臟功能。

習 題 ⊗ *Physics*

一、選擇題

( ) 1. 下列何者對於波的介質描述是<u>錯誤</u>的？ (A)水波：介質為水 (B)聲波：介質為聲音 (C)繩波：介質為繩子 (D)彈簧波：介質為彈簧。

( ) 2. 雷聲由甲地傳到乙地時，雷聲傳遞了什麼？ (A)空氣 (B)閃電 (C)能量 (D)雨滴。

( ) 3. 如圖的一個水波傳來，經過一靜止浮在水面的小船時，它將 (A)隨著水波前進 (B)在原處作上下連續振動 (C)在原處作一次上下運動後，歸於平靜 (D)向後退。

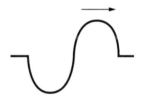

( ) 4. <u>志明</u>和<u>春嬌</u>同遊<u>醉月湖</u>，突然一陣風吹來，將<u>春嬌</u>的帽子吹到湖中間，於是<u>志明</u>想到妙招，他不斷在岸邊製造水波，想讓<u>春嬌</u>的帽子慢慢漂回岸邊，試問<u>志明</u>這招管用嗎？ (A)管用，因為水波會將帽子推到岸邊 (B)不管用，因為水波無法傳播物質 (C)管用，因為水波會釋放能量給帽子，讓帽子能夠前進 (D)不管用，因為水波會跟岸邊反射回來的水波抵消。

( ) 5. 哪種波屬於縱波。(A)聲波 (B)水波 (C)繩波 (D)電磁波。

( ) 6. 如圖，關於彈簧波的敘述，下列何者<u>錯誤</u>？ (A)a、b 兩點的距離為一個波長 (B)當波向前傳播時，介質質點也隨波向前移動 (C)能量沿波前進的方向傳送 (D)此波為縱波。

波傳播方向 ⟶

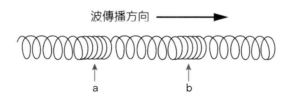

a   b

( ) 7. 有一繩波每秒振動 5 次，且測得繩波波長為 20 公分，則其傳播速率為多少公分／秒？ (A)0.2 (B)0.25 (C)4 (D)100。

( ) 8. 聲波在下列狀態下傳遞速度最慢的是何者？ (A)固體 (B)液體 (C)氣體 (D)真空。

( ) 9. 依據中央氣象局的資料，最近的天氣，中午較晚上的溫度約高 5°C，則聲音在空氣中的傳播速率： (A)中午較快 (B)晚上較快 (C)中午與晚上一樣快 (D)時段不同無法比較。

( ) 10. 聲音在不同介質中傳遞，因什麼不同而使傳播方向發生偏折的現象，稱為折射？ (A)波形 (B)振幅 (C)速度 (D)頻率。

( ) 11. 下列何種現象的原理和聲音的反射無關？ (A)在空谷中叫喊可以聽到回聲 (B)振聲的音叉在水面產生漣漪 (C)傳聲筒能夠使聲音傳得較遠 (D)聲納可以用來探測海洋深度。

( ) 12. 聲音的大小聲由聲波的哪種性質決定？ (A)波形 (B)振幅 (C)波速 (D)頻率。

( ) 13. 只用聽覺就可分辨鋼琴與小提琴聲音的不同，原因是由聲波的哪種性質決定？ (A)波形 (B)振幅 (C)波速 (D)頻率。

( ) 14. 杯子音樂要發出較高頻的聲音，需要搭配那些條件？ (A)杯子越大、水量越多 (B)杯子越小、水量越少 (C)杯子越小、水量越多 (D)杯子越大、水量越少。

( ) 15. 當聲波波源與觀察者彼此遠離時，觀察者所得到的聲波的頻率會如何變化？ (A)升高 (B)降低 (C)不變 (D)忽高忽低。

二、計算題

1. 志明將彈簧一端固定，手持另一端左右甩動，在某一瞬間的波形如圖所示，若每秒甩動 2 次，試問：

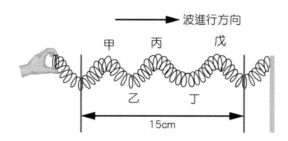

(1) 一個週期後乙點的位置在甲、乙、丙、丁何處？

(2) 波的週期、頻率、波長、波速各為多少？

答

2. 在空氣中相同狀態下甲、乙兩聲波的頻率分別為 400Hz 和 200Hz，求甲乙兩聲波的(1)聲速比、(2)波長比？

答

3. 少女、情郎隔山唱山歌，兩山相隔 68.6 公尺，若當時氣溫 20℃，則少女開唱後，情郎要多久才能聽到？

答

4. 牛郎、織女隔岸相望，牛郎說「我愛你」，織女 0.5 秒後聽到，若當晚氣溫為 15℃，則河寬多少公尺？

答

5. 小花在觀看煙火時，看到亮光後，過了 2 秒鐘才聽到爆炸聲。已知聲音和光在空氣中的傳播速率分別為 340 公尺／秒和 30 萬公里／秒，則煙火爆炸的地點與小花的距離約為多少公尺？

答

6. 恆春號漁船在海面上，以聲納偵測魚群，0.6 秒後收到回聲，則魚群與漁船的距離約為多少公尺？（聲音在海水中的速率約為 1500 公尺／秒）

7. 聲源以 10 公尺／秒的速度遠離靜止的觀察者，聲源發出頻率為 710 赫茲的聲波，設空氣中的聲速為 345 公尺／秒，則觀察者聽到的聲波頻率為多少？

06

光

6-1 光的性質

6-1-1 光的波動性

　　1690 年，惠更斯(Christiaan Huygens, 1629~1695)提出光波動說，認為光藉由波動在空間中傳遞，在波前的每一個點都可以視為產生次波的點波源，並成功解釋光的反射與折射等現象。1801 年，楊格 (Thomas Young, 1773~1829)利用雙狹縫實驗，首度發現光的干涉條紋，而證實光具有波動特性。1864 年，馬克士威(James Clerk Maxwell, 1831~1879)建立了電磁場理論，預測有電磁波的存在，並推算出電磁波的速度與光速相等，因此認為光是一種電磁波。1888 年，赫茲(Henrich Hertz, 1857~1894)以實驗證實電磁波的存在，測得電磁波的傳播速度確實與光速相同，同時電磁波也能夠產生反射、折射、干涉、繞射、偏振等現象，從實驗中證明了光是一種電磁波。

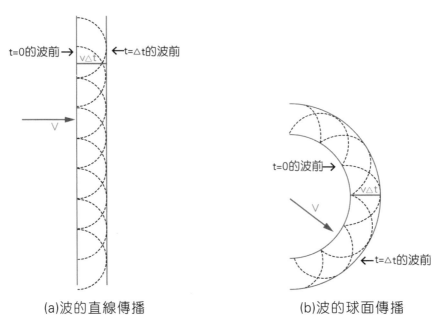

圖 6-1　惠更斯原理

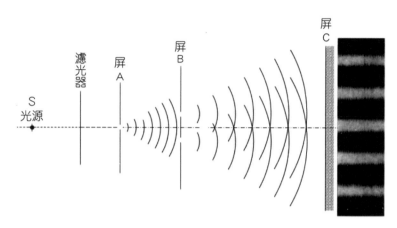

⊙ 圖 6-2　楊格的雙狹縫實驗：在屏幕（屏 C）呈現明暗相間的光的干涉條紋

⊙ 6-1-2　光的粒子性

　　1704 年，牛頓(Isaac Newton, 1643~1727)提出光的粒子說，認為光是由光源向四面八方發射的微粒組成，可以解釋光的直線前進、反射與折射等現象。1887 年，赫茲發現光電效應(Photoelectric Effect)，光束照射在金屬表面會使其發射出電子。但是光電效應無法以光波動說合理解釋，直到 1905 年，愛因斯坦(Albert Einstein, 1879~1955)提出光量子說，認為光是由微小的能量粒子（光子）所組成，成功解釋光電效應，也使愛因斯坦獲得了 1921 年的諾貝爾獎。

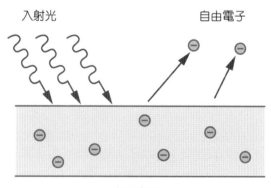

⊙ 圖 6-3　光電效應；以特定頻率的光照射金屬表面，如果金屬原子中的電子獲得的能量超過所受的束縛能，則電子可從金屬表面逸出而產生電流

⊙ 6-1-3 　光的波粒二象性

　　光是波動或粒子，各有其實驗證據。波是物質的某處受到擾動時，以擾動處為中心，將能量傳給鄰近的物質，我們常用波長、頻率描述波的狀態，干涉、繞射與偏振等現象均屬於光的波動性；而粒子在特定時空下具有明確的位置與動量，只有把光視為光子才能成功解釋光電效應。目前認為光具有波動與粒子的雙重性質，在不同條件下分別表現出波動或粒子的性質，稱為波粒二象性(wave-particle duality)。

例 1 光的干涉、繞射與偏振等現象屬於光的波動性還是粒子性？

解 光的波動性。

隨 堂 練 習 1

　　光具有波動與粒子的雙重性質，在不同條件下分別表現出波動或粒子的性質，稱為什麼現象？

6-2 光的直進

　　光在真空或均勻介質中沿直線進行，故稱光線。與光的直進相關的例子如影子形成、針孔成像、日食與月食等。當不透明物體受光照射時，另一邊照不到光的區域會形成影子，影子的形狀與障礙物相似，影子的大小可以光直進的幾何作圖求得。

　　一點光源經障礙物於紙屏形成影子，如圖 6-4。由於 △ABC 與 △AEF 為相似三角形，因此對應邊成等比例關係：

$$\frac{\text{影高}(D_2)}{\text{物高}(D_1)} = \frac{\text{影到光源距離}(R_2)}{\text{物到光源距離}(R_1)}$$

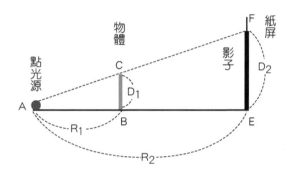

▶ 圖 6-4　光的直進：一點光源經障礙物於紙屏形成影子

例 2　手到蠟燭的距離為 10cm，手到牆上影子的距離為 20cm，如果手所圍成的小狗高 8cm，則牆上小狗的影子高多少 cm？

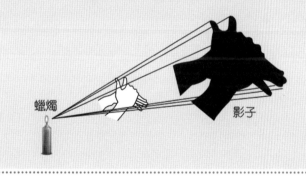

解　設影高為 x

因影子到蠟燭的距離為 30cm

故 $\dfrac{x}{30} = \dfrac{8}{10}$

得影高 $x = 24$　（cm）

隨 堂 練 習 2

題目同上，如果手所圍成的小狗面積 $100cm^2$，則牆上小狗的影子面積多少 cm^2。

6-2-1 針孔成像

針孔成像的原理是從物體發出的光，沿著直線向前傳送，光線穿過暗箱上的小孔會聚光於底片上，形成與物體上下顛倒且左右相反的實像。

針孔成像的像高計算公式如下：

$$\frac{像高(D_2)}{物高(D_1)} = \frac{像到針孔的距離(R_2)}{物到針孔的距離(R_1)}$$

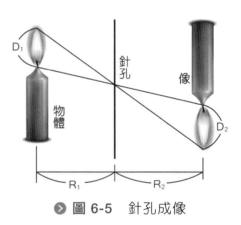

圖 6-5 針孔成像

例 3 如圖為針孔成像的實驗裝置，若左側蠟燭燭焰的高度為 2 cm，則紙屏上的燭焰圖案高度為多少公分。

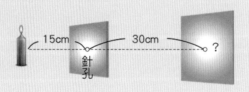

解 設像高為 x

$x : 2 = 30 : 15$，$x = 4$ (cm)

隨堂練習 3

外形相互垂直的物體形狀為 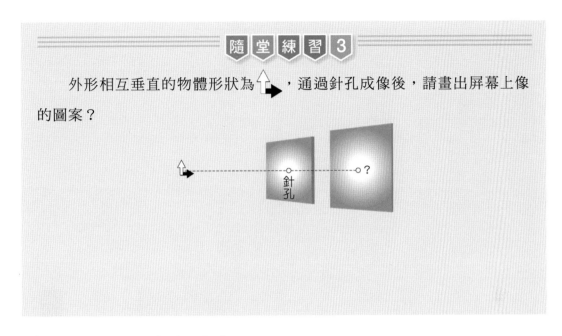，通過針孔成像後，請畫出屏幕上像的圖案？

● 6-2-2 日食與月食

如果太陽、月球、地球三者正好排成一條直線，此時接近農曆初一，月球擋住了射到地球上的太陽光，使得月球身後的黑影正好落到地球上，這時處在月影中的人們才能看到日食（圖 6-6）。

如果太陽、地球、月球三者正好排成一條直線，此時接近農曆十五，地球擋住了射到月球上的太陽光，這時人們才能看到月食（圖 6-7）。

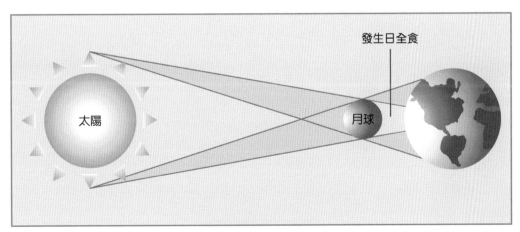

● 圖 6-6　日食

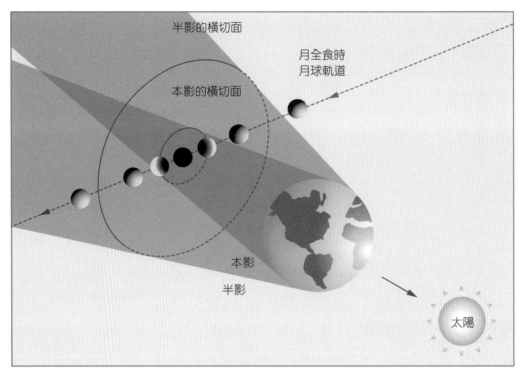

半影的橫切面

月全食時
月球軌道

本影的橫切面

本影

半影

太陽

● 圖 6-7　月食

　　但是並非每次初一與十五都會發生日食與月食,這是因為地球繞太陽公轉的軌道面與月球繞地球公轉的軌道面平均有約 5 度 9 分的夾角,導致在初一與十五的時候太陽、月球、地球三者未連成一直線,自然不會發生日食與月食。

6-3　光的反射與折射

● 6-3-1　光的反射

一、反射定律

　　光在均勻介質中沿直線前進,遇到障礙物時,光線從界面回到原介質的現象稱為光的反射。光的反射遵守反射定律,反射定律如下:

1. 入射線、反射線、法線在同一平面上，入射線與反射線在法線的兩側。
2. 入射角＝反射角。

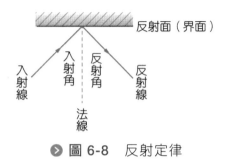

> 圖 6-8 反射定律

二、平面鏡成像

我們能從平面鏡中看到鏡前物體的像，原因是鏡前物體發出的光線，經過平面鏡反射後進入我們的眼睛，由於光線是直線前進的，因此我們會以為又有一個物體在鏡子的後面，其實那是物體的像。因為這個像並非實際光線相交所成，故稱為虛像。

平面鏡成像，其中物體與虛像呈現鏡面對稱，像與鏡面的距離（像距）等於物體與鏡面的距離（物距），物體與像大小相等、左右相反。

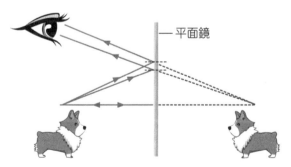

> 圖 6-9 平面鏡成像得到大小相同、左右相反的正立虛像

例 4 一人站在平面鏡前 10 公尺處，若欲使自己與鏡中成像的距離為 6 公尺，此人必須往鏡子方向移動多少公尺。

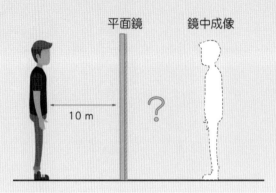

平面鏡　鏡中成像

10 m

?

解 自己與鏡中成像的距離為 6 公尺，

此時像距＝物距＝3 公尺。

所以人必須向平面鏡移動 10 － 3 ＝ 7（公尺）。

隨堂練習 4

在白紙上自左而右寫英文字母 bpdq 放在平面鏡前，則鏡中的像自左而右會是哪些字母？

6-3-2　光的折射

光從一種介質斜向進入另一種不同的介質時，光的前進方向改變的現象稱為光的折射。光的折射產生的原因是光在不同介質中的速率不同，使得光進行方向發生改變。例如吸管在水中看起來像是折斷了，即為光的折射現象。

◎ 圖 6-10　光的折射現象

一、折射定律

1. 入射線、折射線、法線在同一平面上，入射線與折射線在法線的不同側。

2. 光由傳光速度大的介質（疏介質）射入傳光速度小的介質（密介質），如光由空氣射入水中時，光的入射角大於折射角，折射線偏向法線。

3. 光由傳光速度小的介質（密介質）射入傳光速度大的介質（疏介質），如光由水射入空氣中時，光的入射角小於折射角，折射線遠離法線。

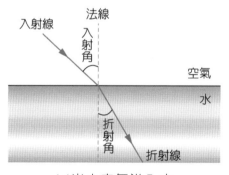
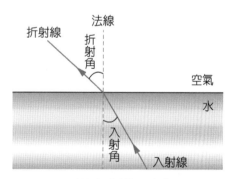

(a)光由空氣進入水　　　　　(b)光由水進入空氣

◎ 圖 6-11　光的折射

星星閃爍也是光的一種折射現象,由於大氣層並不是靜止且均勻的關係,在大氣層的內部到處充滿了空氣的流動,空氣的流動反映出大氣密度不均勻,於是當星光從大氣折射到地面時,會受到空氣流動的影響而產生不規則的折射,這時我們就會感覺到星星在閃爍。

6-4 光的色散與物體顏色

6-4-1 光的色散

牛頓發現太陽光通過三稜鏡後,會被折射分散成紅、橙、黃、綠、藍、靛、紫等七種主要的色光,稱為光的色散。色散的成因是不同波長的光在介質中的光速並不相同,所以根據折射定律,白光進入三稜鏡之後,不同波長光的折射角不同,導致各色光分開。以藍光與紅光作比較,藍光偏折較多,紅光偏折較少,因為紅光在稜鏡介質中的光速較快,藍光在稜鏡介質中的光速較慢之故。

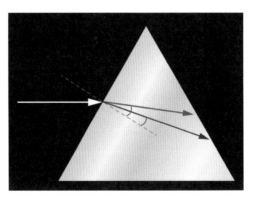

> 圖 6-12 光在三稜鏡的色散:藍光偏折較多,紅光偏折較少

在自然界中常見的光的色散現象為彩虹,因為太陽光內含七色光,當七色光合在一起時我們只會看見陽光是白色的,當雨過天晴之際,大氣中仍然殘留一些小水滴,於是陽光照射到水滴產生折射與反射等現象,使得陽光中的各色光因而分開,於是我們就可以在一定的仰角看到彩虹。

　　虹的成因是陽光照射到空氣中的水滴，產生兩次折射與一次反射的現象，由於陽光中的各色光折射程度不同，各色光就會分開，於是我們可以看到一條圓弧狀且呈現內紫外紅的彩帶，稱之為虹，它的視角約為 42°。

　　霓的成因是陽光照射到空氣中的水滴，產生兩次折射與兩次反射的現象，由於比虹的產生多了一次反射，於是各色光的排列次序恰好與虹相反，因此霓是一條內紅外紫的彩帶，它的視角約為 51°，另外由於光反射的同時也會有部分能量被吸收，於是霓就會比虹來得黯淡。

▶ 圖 6-13　自然界中的色散現象：虹與霓

● 6-4-2　物體的顏色

　　發光體發出的光線，進入我們的視網膜形成影像，傳到大腦視覺區，而使我們看到發光體。不會發光的物體，可以將發光體的光線反射到我們眼睛，讓我們看到。

　　牛頓在三稜鏡色散實驗中發現，太陽光經三稜鏡色散後，會分離出紅、橙、黃、綠、藍、靛、紫等七種色光，而只要其中的紅、綠、藍三種色光便可組合成白光，這三種色光稱為光的三原色。

　　光照射在物體上時，部分的光被反射，部分被吸收，剩餘的部分則透射出去。物體的顏色決定於反射光或透射光的顏色成分。

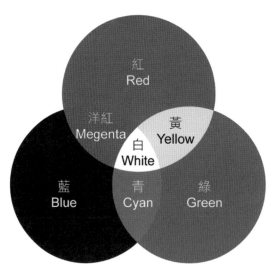

● 圖 6-14 光的三原色：紅、綠、藍

一、不透明體的顏色

不透明體會吸收部分光線，由剩下反射的色光決定顏色。

（一）紅色物體

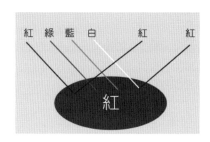

1. 紅色物體會反射紅光，吸收其餘色光。

2. 以白光、紅光照射紅色物體時，呈現紅色。

3. 以綠光、藍光照射紅色物體時，呈現黑色。

4. 以黃光照射紅色物體時，呈現紅色。

（二）綠色物體

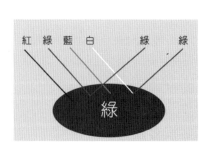

1. 綠色物體會反射綠光，吸收其餘色光。

2. 以白光、綠光照射綠色物體時，呈現綠色。

3. 以紅光、藍光照射綠色物體時，呈現黑色。

4. 以黃光照射綠色物體時，呈現綠色。

（三）藍色物體

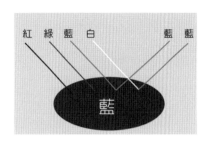

1. 藍色物體會反射藍光，吸收其餘色光。

2. 以白光、藍光照射藍色物體時，呈現藍色。

3. 以紅光、綠光照射藍色物體時，呈現黑色。

4. 以黃光照射藍色物體時，呈現黑色。

（四）白色物體

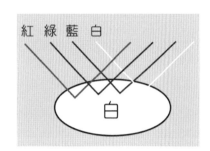

1. 白色物體會反射所有色光。

2. 以白光照射白色物體時，呈現白色。

3. 以紅光照射白色物體時，呈現紅色。

4. 以綠光照射白色物體時，呈現綠色。

5. 以黃光照射白色物體時，呈現黃色。

（五）黑色物體

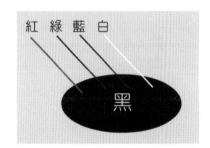

1. 黑色物體會吸收所有色光。

2. 任何色光照到黑色物體，都是黑色。

二、透明物體的顏色

透明物體的顏色取決於該物體所能透射的色光，當光照射到透明物體時，大部分的光穿透物體，而不被物體所吸收、反射，在穿透物體的過程中光也沒有被明顯散射，此時物體就會呈現出透明狀態。

（一）無色透明體

1. 透射所有色光。

2. 白光照射時，呈透明無色，紅光照射時呈透明紅色、以綠光照射時呈透明綠色、黃光照射時呈透明黃色。

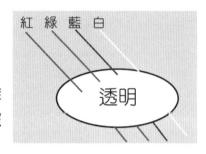

（二）紅色透明體

1. 紅光透射，其餘色光吸收。

2. 白光、紅光照射時呈現透明紅色。

3. 若以綠光、藍光照射紅玻璃，則呈現黑色。

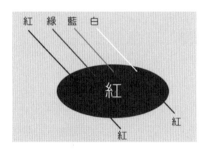

（三）綠色透明體

1. 綠光透射，其餘色光吸收。

2. 白光、綠光照射時呈現透明綠色。

3. 若以紅光、藍光照射綠玻璃，則呈現黑色。

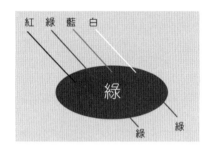

（四）藍色透明體

1. 藍光透射，其餘色光吸收。

2. 白光、藍光照射時呈現透明藍色。

3. 若以綠光、紅光照射藍玻璃，則呈現黑色。

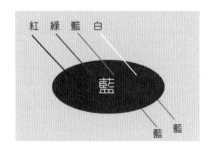

例 5 在白色光的照射下，大雄看見哆啦 A 夢的頭是藍色，眼珠是黑色，臉頰是白色，嘴巴是紅色，如附圖所示。若改以藍色光照射，則大雄當看著哆啦 A 夢時，最可能看到哪一種情況？

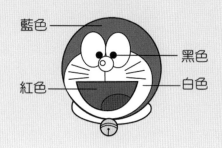

藍色 —— 黑色

紅色 —— 白色

解 因為藍光照在白色與藍色物體上呈藍色，藍光照在紅色物體上呈黑色。

所以哆啦 A 夢的頭是藍色，眼珠是黑色，臉頰是藍色，嘴巴是黑色。

隨 堂 練 習 5

白光、紅光、綠光及藍光四種不同的色光照射在紅色玻璃片上，若虛線表示無透射光線，則透過紅色玻璃之光線最接近下列哪個選項？

(A)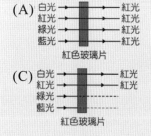

(B)
白光 —— 白光
紅光 —— 紅光
綠光 ----
藍光 ----
紅色玻璃片

(C)
白光 —— 紅光
紅光 —— 紅光
綠光 ----
藍光 ----
紅色玻璃片

(D)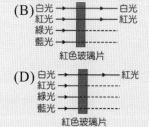

6-5 光的干涉

　　干涉(interference)指波在空間中重疊時發生疊加，形成新波形的現象。可分為建設性干涉與破壞性干涉兩種。

1. 建設性干涉：若板的波峰（或波谷）同時抵達同一地點，稱兩波在該點同相，干涉波會產生最大的振幅，而變得更明亮，稱為建設性干涉。

2. 破壞性干涉：若兩波之一的波峰與另一波的波谷同時抵達同一地點，稱兩波在該點反相，干涉波會產生最小的振幅，而變得更暗淡，稱為破壞性干涉。

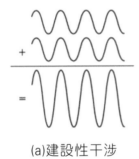

(a)建設性干涉

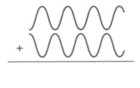

(b)破壞性干涉

> 圖 6-15　干涉

　　肥皂泡的虹彩顏色是光波的干涉造成的。當光照射在皂膜上，一部分光被肥皂泡外層反射，另外一部分光在內層反射後重新穿出，最後觀測到的光由所有這些反射光的干涉所決定。

　　因為太陽光包含不同波長的色光，隨著入射角度與肥皂膜厚度的改變，造成不同色光有時會產生建設性干涉，有時會產生破壞性干涉。假設在某個皂膜

> 圖 6-16　光的干涉現象：肥皂泡的虹彩顏色

厚度下，紅光產生建設性干涉，這時看起來就會特別紅；而當藍光產生破壞性干涉，就幾乎看不到肥皂泡上的藍色反射光。

　　繞射是指光經過障礙物或洞孔後，不僅只沿原來方向直線行進，而且會擴散到四周的現象。例如光通過單狹縫的繞射，螢幕上出現明暗相間的繞射條紋而且強度逐漸向兩旁減弱。例如在光碟片表面具有排列密集的光軌，呈現繞射光柵的效應，使我們能夠看到光碟片上像彩虹般色彩繽紛的圖案。

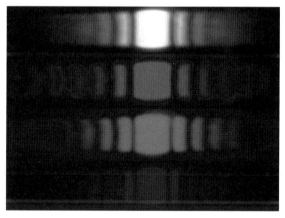

▶ 圖 6-17　不同色光的單狹縫繞射條紋

　　可見光指的是人類眼睛可以見的電磁波，波長大約介於 400~700 奈米 (nm)之間，也就是波長比紫外線長，比紅外線短的電磁波。而有些非可見光也可以被稱為光，如紫外光、紅外光、x 光。

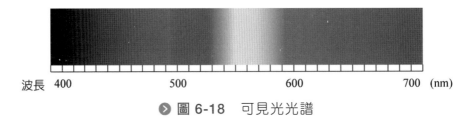

波長 400　　　　500　　　　600　　　　700 (nm)

▶ 圖 6-18　可見光光譜

光可視為波動，光的頻率(f)、波長(λ)與光速(v)的關係如下：

　　光速＝頻率×波長

　　$v = f \lambda$

當光速一定時，頻率與波長成反比；當光進入一個介質後，速度會改變，但頻率不變，只有波長會改變。光在真空與其他介質行進時，以真空中的光速為最大達 299,792,458m/s，約為 3×10^8 m/s。

例 6　某電磁波的波長為 600(nm)，求其頻率？

解　因為 $600(nm) = 600 \times 10^{-9}$ (m)

由 $v = \lambda f$

得 $3 \times 10^8 = (600 \times 10^{-9})f$

故頻率 $f = 3 \times 10^8 / (600 \times 10^{-9}) = 5 \times 10^{14}$（赫）

$= 500 \times 10^{12}$（赫）$= 500$（兆赫）

隨堂練習 6

某電磁波的頻率為 150（兆赫），求其波長多少微米？（已知 1 微米 $= 10^{-6}$ 公尺）

延 伸閱讀   ⚛ *Physics*

◐ 遠紅外光在醫學上應用

電磁波的能量與頻率成正比，頻率越高，波長越短，能量越大。按照波長長短，從高頻波開始，電磁波可以分類為 γ 射線、X 射線、紫外線、可見光、紅外線、微波和無線電波等，其中以 γ 射線能量最強。

波長比可見光稍長的光是紅外光，紅外光是一種不可見光，其波長介於 0.76~1,000 微米之間。紅外光依照波長不同，可再分為近紅外光、中間紅外光與遠紅外光三種（如圖 6-19 所示），其中波長 0.76~1.5 微米稱為近紅外光，波長 1.5~5.6 微米稱為中間紅外光，波長 5.6~1,000 微米稱為遠紅外光。

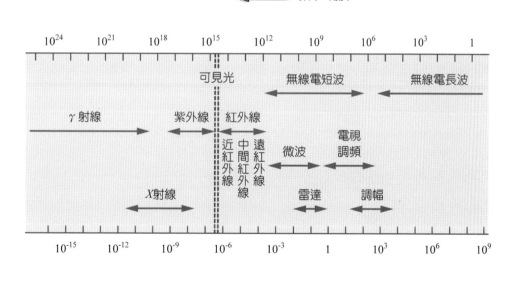

◐ 圖 6-19 　電磁波的分類

近來的研究顯示波長介於 8~14 微米之間的遠紅外光對生物的生長頗有幫助，因此遠紅外光被譽為一種生育光線。

　　遠紅外光由於其波長與頻率適中，能夠深入皮下組織，進而引起人體內部的分子與之共振，共振所產生的熱效應促使皮下深層組織的溫度上升，血管因而擴張，使得血液循環更加通暢，因此能將瘀血等妨害新陳代謝的障礙清除乾淨，人體的新陳代謝運作正常之後，自然就會比較健康。

習題 ♛ *Physics*

一、選擇題

(　　) 1. 哪位科學家提出光波動說，認為光藉由波動在空間中傳遞，在波前的每一個點都可以視為產生次波的點波源？　(A)牛頓　(B)赫茲　(C)惠更斯　(D)楊格。

(　　) 2. 哪位科學家提出光粒子說，認為光是由光源向四面八方發射的微粒組成？　(A)牛頓　(B)赫茲　(C)惠更斯　(D)楊格。

(　　) 3. 光的雙狹縫實驗當中在屏幕呈現何種干涉條紋？　(A)只有一個中心亮點　(B)一條連續增強亮帶　(C)一條連續減弱的亮帶　(D)明暗相間。

(　　) 4. 哪個實驗證據支持光粒子說？　(A)單狹縫繞射　(B)雙狹縫干涉　(C)光電效應　(D)三稜鏡實驗。

(　　) 5. 可用光的直進解釋的例子不包括下列何者？　(A)影子形成　(B)星星閃爍　(C)針孔成像　(D)日食。

(　　) 6. 彩虹屬於光的何種現象？　(A)干涉　(B)繞射　(C)直進　(D)色散。

(　　) 7. 肥皂泡的虹彩顏色屬於光的何種現象？　(A)干涉　(B)繞射　(C)直進　(D)色散。

(　　) 8. 白、綠、紅、藍、黑五種色紙在紅光照射下，哪些會呈現黑色？(A)白紙、綠紙、藍紙、黑紙　(B)綠紙、藍紙、黑紙　(C)綠紙、藍紙　(D)紅紙。

(　　) 9. 假設在某個條件下，紅光產生建設性干涉，其他色光產生破壞性干涉，這時顏色看起來就會如何？(A)特別紅　(B)淡紅　(C)白色　(D)黑色。

（　）10. 何種物理現象指光經過障礙物或洞孔後，不僅只沿原來方向直線行進，而且會擴散到四周？　(A)干涉　(B)繞射　(C)直進　(D)色散。

（　）11. 可見光當中哪種光的能量最強？　(A)紅光　(B)黃光　(C)紫光　(D)藍光。

（　）12. 某人將一發光玩偶置於紙箱外經由紙箱壁上針孔進行成像實驗，其於紙箱內壁上所得到的成像性質為下列何者？　(A)倒立實像、左右相反　(B)倒立實像、左右相同　(C)倒立虛像、左右相反　(D)倒立虛像、左右相同。

（　）13. 若 A、B、C、D、E 五根相同的鐵釘排成一直線，眼睛只能看到 A 鐵釘是因為光的何種性質？　(A)干涉　(B)繞射　(C)直進　(D)色散。

根據附圖回答下列四題：（ S 為光源，O 為不透明物）

（　）14. 眼睛在 A 點，看到光源的哪一部分？　(A)看不見　(B)上半部　(C)下半部　(D)外圍環狀。

（　）15. 眼睛在 B 點，看到光源的哪一部分？　(A)看不見　(B)上半部　(C)下半部　(D)外圍環狀。

（　）16. 眼睛在 C 點，看到光源的哪一部分？　(A)看不見　(B)上半部　(C)下半部　(D)外圍環狀。

（　）17. 眼睛在 D 點，看到光源的哪一部分？　(A)看不見　(B)上半部　(C)下半部　(D)外圍環狀。

( ) 18. <u>小華</u>從水面上看一支插在水中的筷子，則下列何者為上述現象的合理光線路徑圖？

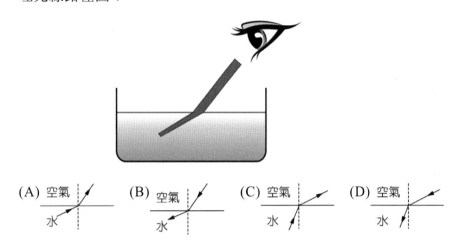

(A) 空氣／水 (B) 空氣／水 (C) 空氣／水 (D) 空氣／水

二、計算題

1. 太陽光照射一 4m 高的竹竿，若太陽光與地面夾 30 度角，求竹竿影長？

答

2. 段考下午<u>志明</u>留校打籃球，他發現自己的影長為 0.4 公尺，此時前方 20 公尺高的水泥柱，影長為 5 公尺，則<u>志明</u>身高為多少公尺？

答

3. 附圖為針孔成像的實驗裝置，若物體長度為 5cm，則成像圖案的長度為多少 cm？

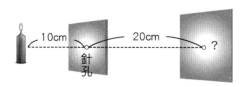

答

4. 某電磁波的波長為 10^5(m)，求其頻率？又此種電磁波最可能是哪一種？

答

07

電與磁

7-1 電的認識

一、電子

德國物理學家普呂克(Julius Plucker, 1801~1868)於 1858 年在真空管兩端放上兩塊金屬板（分別為陰極與陽極），並給予電壓，結果觀察到真空管中的放電過程，並且出現光束軌跡。德國物理學家哥爾茨坦(Eugen Goldstein, 1850~1930)認為這是從陰極發出的某種射線，並命名為陰極射線(cathode ray)，陰極射線的探討成為往後數十年物理學家研究的重點。

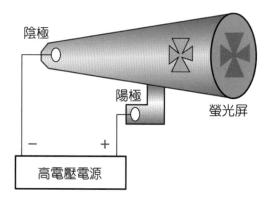

> 圖 7-1　陰極射線實驗裝置

英國物理學家湯木生(J.J.Thomson, 1856~1940)於 1897 年發現陰極射線即為電子(electron)。電子帶負電並且為組成原子的基本粒子之一，圍繞原子核外運動，電子所帶的電量為 1.6×10^{-19}（庫倫），以符號 e 代表。

早期發展的電視即是應用陰極射線管(cathode ray tube, CRT)的產品，稱為 CRT 電視，當時只能調整螢光屏的光線強弱，故早期的 CRT 電視是黑白的畫面。後來發展出的彩色 CRT 技術，則是利用紅、綠、藍三支電子槍同時發射電子，這些電子和螢光屏上的磷化物發生反應而產生顏色，不同的色點組合在一起就形成了彩色的 CRT 電視。

二、導體與絕緣體

可以導電的物質稱為導體(conductor)，包括金屬、石墨、人體與電解質水溶液等都是導體。金屬中含有能自由移動的自由電子，所以金屬多為電的良導體，金屬導電效果最好的前三名分別為銀、銅、金。另外電解質水溶液也能導電，因為電解質在水中解離成陰、陽離子，離子移動造成導電。

物質中的電子幾乎不能自由移動，或是雖能自由移動，但是數量極少，幾乎不導電者稱為絕緣體(insulator)。如玻璃、塑膠、陶瓷等。

有些元素如矽、鍺，在純質時導電度不佳，但參雜少量硼、鎵、磷、砷等元素後，導電能力增加，稱為半導體(semiconductor)，可做為積體電路(integrated circuit, IC)的重要材料。

> 表 7-1　導體與絕緣體的比較

種類		特性
導體	金屬	利用自由電子導電
	電解質水溶液	利用正、負離子導電
絕緣體		沒有自由電子

三、摩擦起電

物體摩擦時，其中一物體的部分電子，掙脫原子的束縛，轉移到另一物體，得到電子的物體帶負電，失去電子的物體帶正電，這種因摩擦而使物體帶電的現象稱為摩擦起電。

例如以毛皮摩擦塑膠棒，電子由毛皮跑到塑膠棒，此時毛皮帶正電，塑膠棒帶負電，兩者帶電量相等；另外以絲絹摩擦玻璃棒，電子由玻璃棒跑到絲絹，所以絲絹帶負電，玻璃棒帶正電。摩擦起電適用於絕緣體，金屬易導電，摩擦後產生的電荷會透過人體流失，因此摩擦起電不適用於金屬。在乾燥的冬季，摩擦起電比較容易發生，因為潮濕的空氣含有大量水氣，產生的靜電，易由潮濕空氣導走。

例 1 ▶ 毛皮摩擦塑膠棒後，下列何者正確？(甲)毛皮失去電子、(乙)塑膠棒失去電子、(丙)毛皮自外獲得質子、(丁)塑膠棒獲得電子、(戊)此系統總電荷量不變　(A)甲丙　(B)甲戊　(C)甲丁戊　(D)乙丙丁。

解 ▶ (C)甲丁戊

隨堂練習 1

玻璃棒與絲絹摩擦使玻璃棒帶正電，則下列敘述何者正確？　(A)絲絹上的一部分電子移到玻璃棒上　(B)玻璃棒上的一部分電子移到絲絹上　(C)絲絹上的一部分質子移到玻璃棒上　(D)玻璃棒上的一部分質子移到絲絹上。

四、靜電感應

當帶電體接近導體時，使導體的正負電荷分離的現象稱為靜電感應。靜電感應的成因是導體中的自由電子受到帶電體靜電力作用，產生排斥或吸引的現象。

當帶負電的帶電體靠近金屬導體時，金屬內部的自由電子，因為受到排斥而移動，使得金屬導體接近帶電體的一端帶正電，遠離帶電體的一端帶負電。當帶正電的帶電體靠近金屬導體時，金屬的自由電子因為受到吸引而移動，使得金屬導體接近帶電體的一端帶負電，遠離帶電體的一端帶正電。

(a)帶負電物體靠近導體的靜電感應　　(b)帶正電物體靠近導體的靜電感應

◎ 圖 7-2

　　當帶電體接近絕緣體時，絕緣體沒有自由電子，其原子內的電荷不會像導體般真正分離，但會稍微錯開，使得物體被極化，略帶有電性，也能產生靜電感應現象。因此摩擦後的塑膠尺靠近小紙片時，使小紙片內的分子極化，再加上紙片很輕，塑膠尺便能將小紙片吸起。

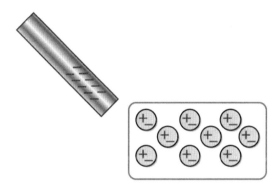

◎ 圖 7-3　帶負電物體靠近絕緣體的靜電感應

五、感應起電

　　利用靜電感應的原理，使導體內正、負電荷分離，再使導體帶電的方法，稱為感應起電。導體利用感應起電的方式，所帶的電性與帶電體的電性相反。

1. 利用感應起電使金屬帶正電

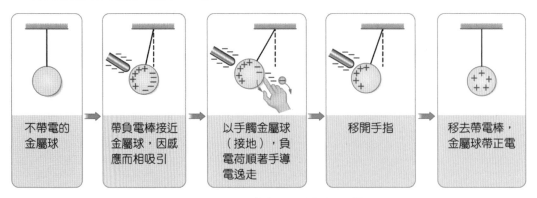

◆ 圖 7-4　利用感應起電使金屬帶正電

2. 利用感應起電使金屬帶負電

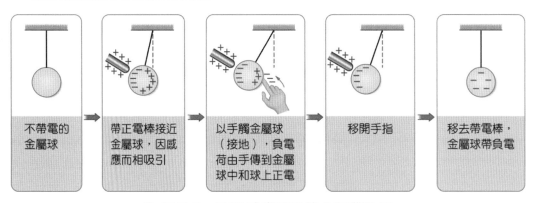

◆ 圖 7-5　利用感應起電使金屬帶負電

例 2　如下圖所示，絕緣木架上有三個大小相同、均不帶電的金屬球 A、B、C，三者互相接觸。若帶正電之玻璃棒接近 A 球，接著依序移動絕緣架，分開 C 球、B 球，最後移開帶電體，則 A 球帶？電，B 球帶？電，C 球帶？電，且 A 球所帶電量與 C 球所帶電量有何關係？

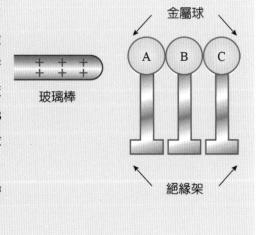

解　帶正電之玻璃棒靠近 A 球時，因為靜電感應，金屬球上的自由電子會移近玻璃棒，使 A 球帶負電，C 球帶正電。B 球居中，所以對整個 B 球而言，不帶電。先移開 C 球，所以 C 球帶正電，再移開 B 球，所以 B 球不帶電，最後移開帶電體時，A 球帶負電。因為原先三個金屬球均不帶電，所以正電量＝負電量，表示 A 球所帶電量與 C 球所帶電量帶電量相同。

═══════ 隨 堂 練 習 2 ═══════

如附圖所示，圖中的帶電體是經毛皮摩擦後的塑膠尺，A 金屬球原先不帶電。A 球利用感應起電，最後帶何種電？

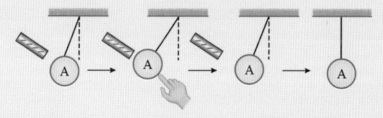

六、靜電力

1. 靜電力：兩帶電體間的吸引力或排斥力稱為靜電力。異性電彼此相吸，同性電彼此相斥。

2. 庫侖定律：法國物理學家庫侖(Coulomb，Charles-Augustin de, 1736~1806)於 1785 年發現兩帶電體之間的作用力大小與各自的帶電量成正比，與彼此間的距離平方成反比，稱為庫倫定律。

$$F = k\frac{Q_1 Q_2}{r^2}$$

F：兩帶電體間 Q_1、Q_2 的靜電力（牛頓，N）

k：靜電常數，9×10^9 (Nm²/C²)

Q_1、Q_2：兩帶電體的帶電量（庫侖，C）

r：兩帶電體間的距離（公尺，m）

例 3 如附圖所示，甲、乙、丙三個點電荷位於同一直線上且電量大小相同，已知乙、丙間的靜電力為 F。則

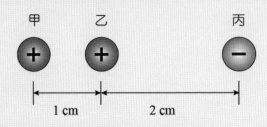

(1) 甲、乙間的靜電力大小為？

(2) 甲、乙間的靜電力為吸引力還是排斥力？

解 (1) 電荷乘積相同時，靜電力大小與距離平方成反比，所以甲、乙間的靜電力大小為 $\dfrac{1}{(1/2)^2} F = 4F$

(2) 甲、乙為同性電荷，所以彼此間的靜電力為排斥力。

隨 堂 練 習 3

A、B 兩帶電體距 2cm，作用力 6×10^{-4} 牛頓，若 A 電量變為原來 3 倍，B 電量變為原 4 倍，距離變為原來的 2 倍，此時 A、B 彼此間的靜電力為多少牛頓？

7-2 電路與電器

1. **電路**：基本電路包含電源、電器、導線三部分。電源提供電能，電器消耗電能，導線將電源和電器連成迴路。

2. **常見電路符號**：利用電路元件的符號，可以繪製電路圖。

表 7-2　常見電路符號

名稱	符號	說明	名稱	符號	說明
電池	—⊢—	提供直流電源有正負極之分	安培計	—Ⓐ—	測量電流大小
導線	————	連接電器、電源	伏特計	—Ⓥ—	測量電壓大小
燈泡	—⊚—	將電能轉換成熱能及光能	電阻	—〜—	消耗電能轉換成熱能
開關	—/—	控制電路的通路或斷路	交流電	—Ⓐ—	提供交流電源

3. **電路圖判別**

   (1) 斷路：如圖 7-6(A)，導線中沒有電流，電器無法運作。

   (2) 正常通路：如圖 7-6(B)，導線中有電流，電流有流過電器。

   (3) 短路：如圖 7-6(C)，導線中有電流，但是電流幾乎不流過電器，電器無法運作。

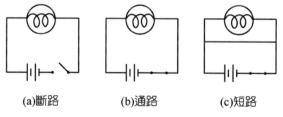

(a)斷路　　　(b)通路　　　(c)短路

圖 7-6　斷路、通路與短路的電路圖

4. 串聯與並聯

電器的接法有串聯和並聯兩種。

(1) 串聯：電器電源均在同一迴路上，如圖 7-7(A)，其中一個燈泡壞掉或取下，另一個燈泡跟著不亮，因為斷路。

(2) 並聯：兩連接點間，電器分列不同電路，如圖 7-7(B)，其中一個燈泡壞掉或取下，另一個燈泡仍亮。所以家用電器是並聯使用，其中一種電器壞了，其他的電器仍可正常使用。

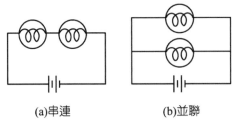

(a)串連　　　　　　(b)並聯

❯ 圖 7-7　串聯與並聯電路圖

例 4　畫出下列電路圖。

(1) 乙　　　　　　　　　　　(2)

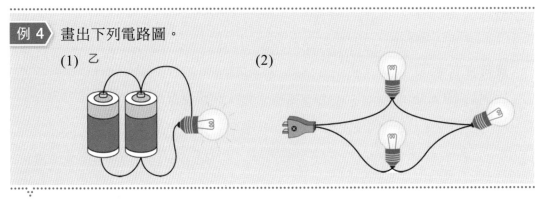

解　(1)　　　　　　　　(2)

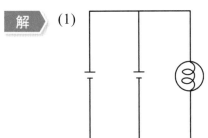

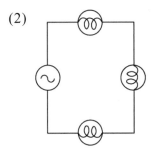

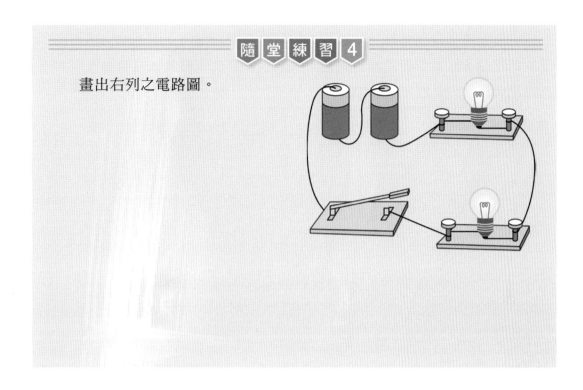

隨堂練習4

畫出右列之電路圖。

5. 電壓

　　當導線兩端電位高低不同時，兩端的電位差稱為電壓，使得正電荷在導線中從高電位處向低電位處流動，於是形成電流。電壓的單位為伏特(volt)，簡記為 V。乾電池是利用化學能轉換成電能的裝置，電池正極電位比負極高，正負兩極的電位差為乾電池的電壓。

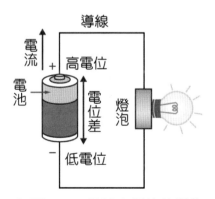

⊙ 圖 7-8　電路中電位的變化

測電壓的儀器是伏特計，伏特計的使用需與待測物並聯，也就是跨接待測物的兩端。因為伏特計內電阻極大，若串聯接於電路時，電路因電阻大增而電流大減，致電器無法正常使用。

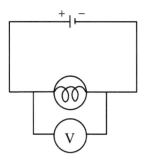

● 圖 7-9　伏特計的使用需與待測物並聯

7-3　電流

一、電流與電子流

導線內正電荷的移動，稱為電流。電子（負電荷）的移動，稱為電子流。電子由電池負極流出，經由導線，流向電池正極；而電流由電池正極流出，經由導線，流向電池負極。因此電流方向與電子流的方向相反。

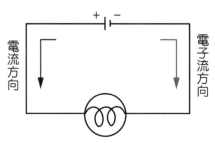

● 圖 7-10　導線中電流方向與電子流的方向相反

二、電流強度

單位時間內，通過導線上某一截面的電量，就是該截面的電流強度（電流大小）。電流強度公式如下：

$$I = \frac{Q}{t}$$

I：電流（安培，A）

Q：電量（庫侖，C）

t：時間（秒，s）

每秒鐘通過導線上某一截面的電量為 1 庫侖時，則稱此電流大小為 1 安培。測電流的儀器是安培計，安培計的使用需與待測物串聯。因為安培計內電阻極小，不可與電器並聯或直接接電池，否則通過的電流太大，安培計可能燒壞。

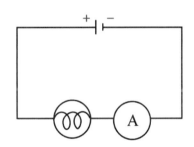

▶ 圖 7-11　安培計的使用需與待測物串聯

例 5　每分鐘有 300 庫侖的電量通過導線的某一截面，則電流大小為多少？

解　電流 $I = \dfrac{Q}{t} = \dfrac{300}{60} = 5$（安培）

| 隨 堂 練 習 ⑤ |

一導線上的電流為 2 安培，則在 10 分鐘內通過此截面的電量為多少？

7-4 電阻與歐姆定律

一、電阻

電子在導體流動時，和導體內原子發生碰撞，產生阻力，稱為電阻。影響電阻大小的因素包括材質、溫度、導線截面積與導線長度等四個因素：

1. 材質：金屬導體的電阻小，容易導電；非金屬（石墨除外）電阻大，不易導電。

2. 溫度：對金屬導體而言，通常溫度越高，電阻會越大。

3. 導線截面積：在固定電壓下，導線的截面積越大（即導線越粗），電子越容易通過導線，產生的電流越大，導線的電阻越小。

4. 導線長度：在固定電壓下，導線越長，電子與導線中原子碰撞的機會也會增加，電子越不容易通過導線，產生的電流越小，導線的電阻越大。

綜合以上四個影響電阻的因素可得電阻公式如下：

$$R = \rho \frac{L}{A}$$

R：電阻（歐姆，Ω）

ρ：電阻率(Ω · m)，因物質種類、溫度而異

A：導線截面積(m^2)

L：導線長度(m)

二、歐姆定律

1. 歐姆發現：溫度不變，同一金屬導線導電時，無論電壓如何改變，兩端的電壓(V)與通過的電流成正比，此電壓與電流的比值即為金屬導線的電阻。

2. 歐姆定律：定溫下，導體的電壓與電流成正比，也就是電阻為定值，與電壓、電流大小無關。

$$R = \frac{V}{I} \text{ 或 } V = IR$$

R：電阻（歐姆，Ω）

V：電壓（伏特，V）

I：電流（安培，A）

例 6　在某迴路中電池的電壓為 3V，安培計的讀數為 0.5A，則電阻器的電阻為多少歐姆？

解　電阻 $R = \dfrac{V}{I} = \dfrac{3}{0.5} = 6$ （歐姆）

隨堂練習6

如附圖，在迴路中如果將電池電壓增為兩倍，導線上電阻大小減半，則導線上的電流強度將變為原來的幾倍？

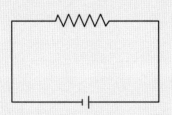

三、電阻串聯、並聯

1. 電阻(R_A、R_B)串聯，總電阻(R)等於各電阻相加，即 $R = R_A + R_B$。

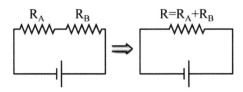

> 圖 7-12　電阻串聯，總電阻等於各電阻相加

2. 電阻 (R_A、R_B) 並聯，總電阻 (R) 的倒數等於各電阻倒數相加，即 $\dfrac{1}{R} = \dfrac{1}{R_A} + \dfrac{1}{R_B}$。

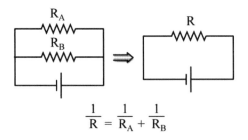

> 圖 7-13　電阻並聯，總電阻的倒數等於各電阻倒數相加

例 **7** 下圖電阻分別為 $R_A=1$、$R_B=2$、$R_C=3$ 歐姆,且電池電壓為 5 伏特,求(1)總電阻?(2)總電流?

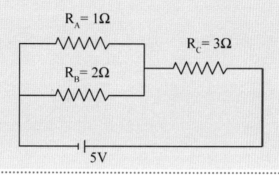

解 (1) R_A 與 R_B 並聯,合電阻 R_D 的倒數等於 R_A 與 R_B 倒數相加

$$\frac{1}{R_D} = \frac{1}{R_A} + \frac{1}{R_B} = \frac{1}{1} + \frac{1}{2} = \frac{3}{2} \Rightarrow R_D = \frac{2}{3}(\Omega)$$

R_D 與 R_C 串聯,總電阻 R 等於 R_D 與 R_C 相加

$$總電阻\ R = R_D + R_C = \frac{2}{3} + 3 = 3\frac{2}{3}(\Omega)$$

(2) 總電流 $I = \dfrac{V}{R} = \dfrac{5}{\dfrac{11}{3}} = \dfrac{15}{11} = 1\dfrac{4}{11}(A)$

隨堂練習 **7**

下圖電阻分別為 $R_A=1$、$R_B=3$、$R_C=2$、$R_D=4$ 歐姆,且電池電壓為 2 伏特,求(1)總電阻?(2)總電流?

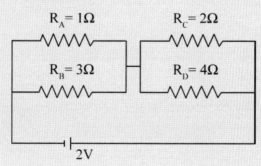

7-5 電場、磁場與電磁感應

一、電場

英國科學家法拉第(Michael Faraday, 1791~1867)首先提出電場(electric field)的概念，所謂電場指的是在電荷周遭的空間，存在著能傳遞電荷與電荷之間相互作用的物理場，稱之為電場，電荷會因為電場作用而感受到電力。

單位電荷 Q 所受電力大小 F，稱為該處的電場強度，以符號 E 表示，單位為牛頓/庫侖，公式如下：

$$E = \frac{F}{Q}$$

E：電場強度

F：電力

Q：電量

電場是一向量場，電場的方向是以單位正電荷受電力之方向為方向，故負電荷受力之方向與電場反向。根據庫倫定律，點電荷間的電力與距離平方成反比、與電量乘積成正比，因此點電荷的電場也與距離平方成反比、與電量成正比。空間中電場的強度與分布可用電力線(line of electric force)加以描述，電力線會從正電荷出發，終止於負電荷，且具有以下性質：

1. 電力線上任一點之切線方向，即為該點的電場方向。

2. 電力線越密集的區域表示該處電場越強。

3. 電力線永不相交。

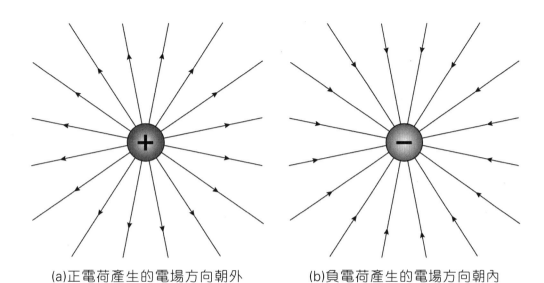

(a)正電荷產生的電場方向朝外　　　(b)負電荷產生的電場方向朝內

> 圖 7-14　正電荷與負電荷產生的電力線分布

例 **8**　兩點電荷電量分別為 $Q_1=4$（庫侖）、$Q_2=8$（庫侖），相距 2 公尺，求

(1) 點電荷 Q_2 所受電力大小 F=？

(2) Q_2 感受 Q_1 發出的電場強度 E=？

解　(1) 電力大小　$F = \dfrac{kQ_1Q_2}{r^2} = \dfrac{(9\times10^9)(4)(8)}{2^2} = 7.2\times10^{10}$（牛頓）

(2) Q_2 感受 Q_1 發出的電場強度

$$E = \frac{F}{Q_2} = \frac{\frac{kQ_1Q_2}{r^2}}{Q_2} = \frac{kQ_1}{r^2} = \frac{(9\times10^9)(4)}{2^2} = 9\times10^9 \quad（牛頓／庫侖）$$

隨 堂 練 習 **8**

兩點電荷電量分別為 $Q_1=12$（庫侖）、$Q_2=8$（庫侖），相距 4 公尺，求

(1) 點電荷 Q_1 所受電力大小 F=？

(2) Q_1 感受 Q_2 發出的電場強度 E=？

二、磁場

在磁性物質周遭的空間，存在著能傳遞磁性物質與磁性物質相互作用的物理場，稱之為磁場(magnetic field)，處於磁場中的磁性物質，會因為磁場的作用而感受到磁力。

空間中磁場的強度與分佈可用磁力線(line of magnetic force)加以描述，磁力線具有以下性質：

1. 磁力線上任一點之切線方向，即為該點的磁場方向。

2. 磁力線越密集的區域表示該處的磁場越強。

3. 磁力線永不相交。

以磁鐵發出的磁場為例，磁力線從 N 極出發經磁鐵外部到 S 極，再從 S 極出發經磁鐵內部回到 N 極，形成一封閉曲線。觀察圖 7-15，長條形磁鐵的磁力線分布以兩端最密集，所以長條形磁鐵的磁力以 N 極與 S 極最強。

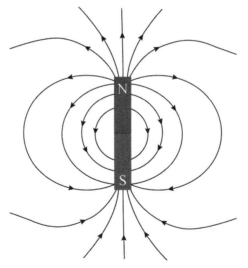

● 圖 7-15　長條形磁鐵的磁力線分布

三、電磁感應

（一）電流磁效應

　　原本電學與磁學是分開的科學，但是丹麥科學家奧斯特(H.C. Oersted, 1777~1851)於 1820 年觀察到通有電流的導線會使得旁邊的磁針偏轉的現象，進而發現電流的磁效應，說明了電與磁彼此關係密切，也改變了原本被認為電與磁之間無關連性的歷史，為了紀念這一偉大發現，科學界便將磁場強度的單位命名為奧斯特。

　　電流磁效應指的是通有電流的導線會在導線周圍產生磁場，磁場強度和電流大小成正比，但和導線的距離成反比。電流磁效應所產生的磁場方向與電流方向垂直，而判斷的方法稱為安培右手定則。圖 7-16 表達以安培右手定則判斷載流長直導線之磁場方法，將右手大拇指指向長直導線的電流方向其餘四指圍繞長直導線旋轉，四指所指方向即為磁場的方向。

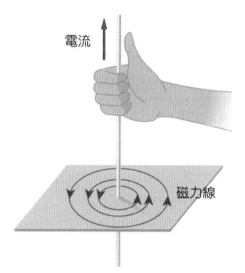

▶ 圖 7-16　以安培右手定則判斷載流長直導線之磁場方向

（二）電磁感應

　　奧斯特發現電流的磁效應之後，科學家開始思考既然運動的電荷（電流）能生磁，那麼變動的磁場能不能生電，這個問題在 1831 年由法拉第的電磁感應實驗中得到解決，法拉第證實運動的磁鐵，可以讓線圈產生電流，稱為電磁感應(electromagnetic induction)。方法是把一塊磁鐵放入金屬線圈中時，會使線圈產生感應電流，拿出磁鐵時，電流則反方向流動，感應電流的大小和線圈內磁場的變化速率成正比。電磁感應現象的發現，促成發電機的產生，也奠定了日後進入電力生活的基礎。

　　俄國科學家冷次(Heinrich Friedrich Emil Lenz, 1804~1865)於 1834 年提出了一種簡單的方法來找到感應電流方向，稱為冷次定律(Lenz's law)。冷次定律指出在電磁感應實驗中，當磁鐵靠近或離開線圈過程中，使線圈內的磁場發生變化而產生感應電流，感應電流產生的新磁場恆反抗原磁場變化。以圖 7-17 說明使用冷次定律判斷感應電流的方向，當磁鐵靜止，無變動的磁場，此時線圈無感應電流；當磁鐵 N 極靠近線圈，往右的原磁場增強，線圈產生一抵抗原磁場的往左新磁場，根據安培右手定則，得到感應電流方向為順時針；當一個磁鐵以 N 極遠離線圈，往右的原磁場減弱，線圈會產生一抵抗原磁場的往右新磁場，根據安培右手定則，得到感應電流方向為逆時針。

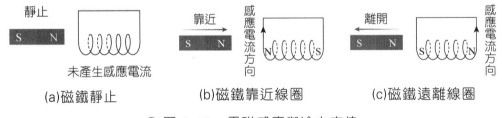

(a)磁鐵靜止　　　　(b)磁鐵靠近線圈　　　　(c)磁鐵遠離線圈

> 圖 7-17　電磁感應與冷次定律

延 伸 閱 讀

⊗ *Physics*

➲ 體脂計原理

　　人體的組織中以脂肪的電阻最大，其餘組織（如肌肉、血液）相對脂肪而言，電阻就很小。利用這個特性，如果我們對人體通以定量的電流，一個體脂率高的人表示其電阻較高，根據歐姆定律，我們就會得到一個較高的電壓；同樣地，一個體脂率低的人表示其電阻較低，通以定量的電流，就會得到一個較低的電壓。

　　所以體脂計就是提供一個固定的電流，通過人體這個電阻，再偵測出電壓，從而判斷出這個人的體脂率。當然說到這裡，你可能會嚇一跳，原來要測出體脂率，還要被電一下才行，其實不必擔心，體脂計所提供的電流很小，小到只有 500 微安培，這樣微量的電流通過人體，人體也感覺不到。

　　體脂肪太多或太少對人體都不好，在此特別提供表 7-1 讓讀者參考，判斷自己的體脂率是否正常，如果你還不知道自己的體脂率是多少，那就要去讓體脂計電一下。

◗ 表 7-1　體脂率判斷表

性別	正常範圍		肥胖傾向
	30 歲以下	30 歲以上	
男性	14~20%	17~23%	25%以上
女性	17~24%	20~27%	30%以上

習題

♛ *Physics*

一、選擇題

( ) 1. 陰極射線即為何種粒子？ (A)質子 (B)電子 (C)中子 (D)離子。

( ) 2. 已知每個基本電荷的電量 e 為 1.6×10^{-19} 庫侖，則下列何者<u>不可能</u>是帶電體所帶的電量？ (A)10^{19} e (B)96500e (C)4.5 e (D)−2 e。

( ) 3. 電解質水溶液靠何種物質導電？ (A)質子 (B)電子 (C)中子 (D)離子。

( ) 4. 毛皮與氣球摩擦後，下列敘述何者正確？ (A)毛皮上的電子數等於質子數 (B)氣球上的電子數等於質子數 (C)氣球可與帶負電的物質相吸 (D)毛皮可以吸引碎紙片。

( ) 5. 下列何者不是靜電感應現象？ (A)量筒內水面下凹 (B)撕開包裝免洗筷的塑膠套，吸附在手上 (C)以毛皮摩擦汽球後可吸引碎紙片 (D)脫掉毛衣聽到霹啪聲。

( ) 6. 某物體可被一帶負電物體吸引，則該物體的帶電情形為下列何者？ (A)不帶電 (B)帶正電或帶負電 (C)不帶電或帶正電 (D)不帶電或帶負電。

( ) 7. 以毛皮摩擦後的塑膠棒靠近甲、乙、丙、丁四個不知電性的帶電塑膠球，其結果如圖所示，則甲～丁四球的電性依序為何者？ (A)＋－＋－ (B)－＋－＋ (C)－＋＋－ (D)＋－－＋。

( ) 8. 附圖是一帶正電的玻璃棒使金屬球感應起電的五個步驟，則步驟的正確順序為何？ (A)戊、丙、丁、乙、甲 (B)甲、乙、丁、丙、戊 (C)戊、丁、丙、乙、甲 (D)甲、丁、丙、乙、戊。

( ) 9. 將毛皮摩擦過的塑膠尺接近不帶電的驗電器上端，則驗電器中電荷的分布情形何者正確？

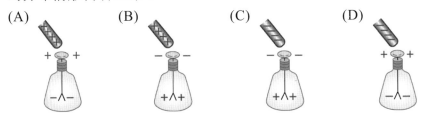

( ) 10. 帶負電的塑膠尺靠近原來不帶電的金屬圓球，它們電荷的分布，如附圖所示，則下列敘述何者正確？ (A)金屬球上的正電荷量比負電荷量多 (B)金屬球上的正電荷量比負電荷量少 (C)金屬球上正、負電荷分開的現象稱為電流的磁效應 (D)金屬球上正、負電荷分開的現象是電子移動的結果。

( ) 11. 設兩靜止點電荷之間的靜電力大小為 F，欲使兩者之間的靜電力大小成為 4F，可以採用下列哪個方法？ (A)兩電荷的電量不變，彼此間的距離變成原來的兩倍 (B)兩電荷的電量不變，彼此間的距離變成原來的一半 (C)兩電荷間的距離不變，其中一電荷的電量變成原來的兩倍 (D)兩電荷間的距離不變，其中一電荷的電量變成原來的一半。

( ) 12. 當兩相等的正電荷距離為 r 時,彼此間的相互作用力大小為 F。若距離不變,只改變其電性或電量,則下列靜電力圖何者正確?

(A) -Q +2Q (B) +Q +2Q (C) -Q -Q (D) +Q -Q
2F←r→2F F←r→2F F←r→F F←r→F

( ) 13. 有質料相同之兩導線 A、B,其長度比為 3:4,截面積此為 1:2,求 A、B 兩導線的電阻比? (A)1:3 (B)3:1 (C)2:3 (D)3:2。

( ) 14. 金屬導線導電時,導線兩端間之電阻:(A)與兩端間之電位差成正比 (B)與兩端間之電位差成反比 (C)與兩端間之電流成正比 (D)等於兩端間電位差與電流之比值。

( ) 15. 下列何者非電力線之特性? (A)電力線上任一點的切線方向,代表該點的電場方向 (B)電力線的密度與該處的電場無關 (C)電力線不可相交,因任一點電場方向是一定的 (D)電力線從正電荷出發,終止於負電荷。

( ) 16. 有一種手電筒,只需在使用前搖一搖,使磁鐵穿過線圈,在兩個塑膠墊片之間來回運動,就能發電並先將電能儲存,再供電給燈泡,它的構造如右圖所示。有關該手電筒的敘述,下列何者最為  適當? (A)搖晃手電筒的發電過程,是將磁鐵的動能直接轉換成光能 (B)搖晃手電筒時,磁鐵來回經過線圈會使線圈產生感應電流 (C)在來回搖晃手電筒的發電過程中,線圈會產生直流電 (D)搖晃手電筒的發電過程,是運用電流產生磁場。

二、計算題

1. A、B 兩帶電體相距 r，作用力為 F。若 A 電量變為原來 2 倍，距離變為 2r，作用力變為 4F，此時 B 電量變為原來多少倍？

2. 每小時有 72000 庫侖的電量通過導線的某一截面，則電流大小為多少？

3. 某導體的電阻是 4 歐姆，在 1 分鐘內通過導體橫截面的電量是 240 庫侖，則這個導體兩端的電壓是多少？

4. 如圖電阻分別為 R_A=3、R_B=2、R_C=4 歐姆，且電池電壓為 5 伏特，求(1)總電阻？(2)總電流？

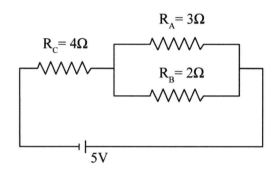

答

5. 兩點電荷電量分別為 Q_1=16（庫侖）、Q_2=2（庫侖），相距 4 公尺，求
   (1) 點電荷 Q_2 所受電力大小 F=？
   (2) Q_2 感受 Q_1 發出的電場強度 E=？

答

Physics
MEMO

08

能量與
生活

8-1 功與能

物體受到外力作用時,若物體沿施力的方向產生位移,則稱外力對物體作功。當施力與物體位移方向相同時,稱為「正功」,會增加物體能量;當施力與物體位移方向相反時,稱為「負功」,會減少物體能量。「功」是純量,只有大小,沒有方向。

功的公式如下:

$$W = F \times S_{||} = F_{||} \times S$$

W:功(焦耳,J)

F:外力(牛頓,N)

$F_{||}$:沿位移方向的分力(牛頓,N)

$S_{||}$:沿力方向的位移(公尺,m)

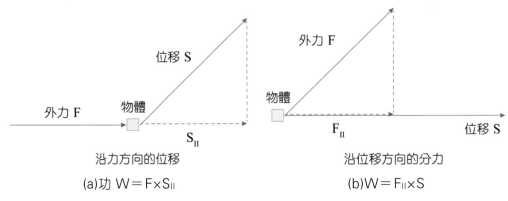

> 圖 8-1　力 F、位移 S 與功 W 的關係

在物體上持續施力 1 牛頓,使物體沿著施力方向移動 1 公尺時,外力對物體作功為 1 焦耳。若力的方向與位移方向垂直,則此力不作功。功的單位和能量相同,都是焦耳,這是為了紀念物理學家焦耳在熱能的貢獻。

例 1 如圖所示，施一固定的拉力 8 公斤重，將質量 15 公斤的木塊，沿斜面拉至 1 公尺的高處，則拉力對物體所作的功為多少。

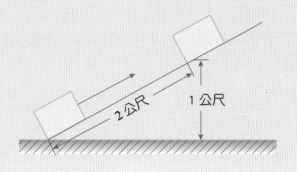

解 拉力 $F = 8kgw = 8 \times 9.8(N)$

沿力方向的位移 $S = 2(m)$

拉力對物體所作的功 $W = F \times S = 8 \times 9.8 \times 2(J) = 156.8(J)$

隨堂練習 1

如圖所示，甲和乙各施 10 牛頓和 5 牛頓力推物體，使物體向右移動 10 公尺，回答下列問題：

(1) 甲作功多少焦耳？

(2) 乙作功多少焦耳？

(3) 合力作功多少焦耳？

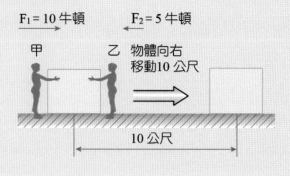

8-2 功率

　　單位時間內所作的功，稱為功率，可用來描述外力對物體作功的效率。若外力一秒鐘內對物體作功一焦耳，則該外力的功率是一瓦特。功率的公式如下：

$$P = \frac{W}{t}$$

P：功率（瓦特，w）

W：外力作功（焦耳，J）

t：歷經時間（秒，s）

例 2 大明沿水平方向施 7 公斤重的力，拖著 15 公斤重的行李，等速走了 10 公尺，共費時 14 秒鐘。回答下列問題：
(1) 大明作功為多少焦耳？
(2) 摩擦力作功多少焦耳？
(3) 合力作功多少焦耳？
(4) 大明作功的平均功率為多少瓦特？

解 (1) 大明作功 $W = F \times S = 7 \times 9.8 \times 10 = 686$(J)
(2) 因為等速，所以摩擦力大小等於施力，但方向相反，因此摩擦力作功 $W = F \times S = -7 \times 9.8 \times 10 = -686$(J)
(3) 因為合力＝0，所以合力作功＝0
(4) 大明作功的平均功率 $P = \dfrac{W}{t} = \dfrac{686}{14} = 49$(w)

隨堂練習2

質量 5 公斤的靜止物體，在光滑水平面上，受到 10 牛頓的水平力作用，物體沿直線等加速前進 4 公尺，歷時 2 秒。回答下列問題：

(1) 水平力對物體作功多少焦耳？

(2) 水平力作功的功率為多少瓦特？

電器上標示的功率，表示電器每秒鐘消耗的電能，例如燈泡上標示 60w，這表示燈泡每秒鐘消耗 60 焦耳的電能。電力公司計算每一用戶所使用的電能是以度作為單位，1 度電指的是以消耗功率 1000w 的負載使用 1 個小時的電能，由於電功率指的是單位時間（秒）所消耗的電能（焦耳），因此

$$1 \text{ 度電} = 1000 \text{（瓦特）} \times 3600 \text{（秒）} = 3600000 \text{（焦耳）。}$$

例 3 功率為 300 仟瓦的馬達發動 10 分鐘，共作功多少焦耳，相當於多少度電。

解 功率 $P = 300$（仟瓦）$= 3 \times 10^5$ (W)

作用時間 $t = 10$（分鐘）$= 600$（秒）

功 $W = P \times t = 3 \times 10^5 \times 600$ (J) $= 1.8 \times 10^8$ (J)

因為 1 度電=1 仟瓦·小時，10 分鐘為 1/6 小時

所以相當於 $300 \times 1/6 = 50$ 度電

隨堂練習 3

　　如果一台微波爐的功率是 800 瓦特，你使用了 30 分鐘，共作功多少焦耳？相當於多少度電？

8-3 能量的轉換與守恆

　　生活中存在著各種形式的能量，例如輻射能、化學能、動能、位能、電能、熱能等等，能量雖以很多不同形態出現，但可從一種形態轉化成另外一種。例如植物從太陽吸取輻射能，把它轉化成植物組織中的化學能，動物再把食物中的化學能轉化成他們身體活動的動能。孤立系統中的總能量不會隨時間改變，也就是說能量不會無故產生也不會無故消失，它只能從一種形式轉變成另一種形式，稱作**能量守恆定律(law of conservation of energy)**。

● 8-3-1 位能

　　當物體發生形變或位置改變時，所貯存的能量稱為位能(potential energy)。位能可分為重力位能與彈力位能。

一、重力位能

　　在重力場中，物體因為位置高度改變而具有的位能稱為重力位能。重力位能公式如下：

$$U = mgh$$

U：重力位能（焦耳，J）

m：物體質量（公斤，kg）

g：重力加速度＝9.8（公尺/秒^2，m/s^2）

h：物體距地面高度（公尺，m）

物體在相同高度下，質量越大位能越大，位能與質量成正比。同一個物體質量相同，高度越高，位能越大，位能與高度成正比。

例 4 舉重選手將質量 80 公斤的槓鈴，由地板上抬高 2 公尺，若重力加速度為 9.8 公尺／秒^2，則槓鈴的重力位能增加多少。

解 重力位能 $U = mgh = 80 \times 9.8 \times 2 = 1568$(J)

隨 堂 練 習 4

如圖，質量 10kg 的鐵球置於光滑斜面底，今將鐵球推至斜面頂，則在斜面頂點時，鐵球具有多少位能。（設重力加速度=10m/s^2）

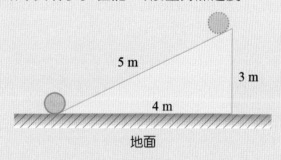

二、彈力位能

彈性物質因形狀改變而產生的位能稱為彈力位能。彈力位能公式如下：

$$E = \frac{1}{2}kx^2$$

E：彈力位能（焦耳，J）

k：彈力常數（牛頓／公尺，N/m）

x：離平衡位置的位移（公尺）

不同的物質有不同的彈力常數，相同形變下，彈力常數越大，所儲存的彈力位能越大。同物質，形變越大，所儲存的彈力位能越大。彈簧不管被拉長還是壓縮，外力所做的功，均可儲存成彈簧的彈力位能。

例 5 一條彈性常數 k＝4 牛頓／公尺的彈簧，當其壓縮量 x=50 公分，此時的彈力位能為多少焦耳？

解 彈力位能 $E = \frac{1}{2}kx^2 = \frac{1}{2} \times 4 \times 0.5^2 = 0.5$ （焦耳）

隨堂練習 5

一條彈性常數 k＝2 牛頓／公尺的彈簧，當其伸長量由 x=1 公尺變為 2 公尺，此時的彈力位能增加多少焦耳？

◆ 8-3-2　動能

　　物體因運動產生速率而具有的能量，稱為動能(Kinetic Energy)。動能公式如下：

$$K = \frac{1}{2}mv^2$$

　　K：動能（焦耳，J）

　　m：物體質量（公斤，kg）

　　v：物體速率（公尺／秒，m/s）

　　物體在相同速率下，質量越大動能越大，動能與質量成正比。物體在相同質量下，速率越大動能越大，動能與速率平方成正比。

例 6　汽車在公路上以 50 公里／小時正常行駛，遇到突發路況時減速至 20 公里／小時。請問此車在正常行駛的動能和突發路況時之動能比值為多少？

解　設汽車質量為 m

汽車正常行駛的動能 $K_1 = \frac{1}{2}m \times 50^2$

汽車遇突發路況的動能 $K_2 = \frac{1}{2}m \times 20^2$

汽車遇突發路況的動能和正常行駛時之動能比值=$K_1/K_2 = 50^2/20^2 = 25/4$

隨堂練習 6

　　運動員踢出一顆速度為 180km/hr 的足球，已知足球質量為 400g，求該足球當時的動能是多少焦耳？

● 8-3-3 力學能守恆

動能與位能的總和稱為力學能(mechanical energy)，也稱機械能。當物體只受到保守力（如重力、靜電力、靜磁力、彈力）作用，動能與位能隨運動狀態改變，但是在整個運動過程中力學能保持不變，稱為**力學能守恆**(law of conservation of mechanical energy)。摩擦力不是保守力，有摩擦力時，力學能不守恆。

例 7 胖虎在高 50m 之大樓頂將一質量 5kg 的小球自由落下。（設重力加速度=10m/s^2）

(1) 胖虎剛放手的瞬間，小球所具有之動能為多少焦耳？位能為多少焦耳？

(2) 小球到達地面之瞬間，所具有之動能為多少焦耳？位能為多少焦耳？

(3) 小球到達地面之瞬間所具有的速度大小為多少？

解

(1) 放手瞬間小球速度＝0，所以動能 $K=(1/2)mv^2=0$，位能 $U=mgh$ $=5×10×50=2500$ 焦耳

(2) 小球落地之瞬間高度 $h=0$，所以位能 $U=mgh=0$，減少的位能變成動能，因此動能 $K=2500$ 焦耳

(3) 因為動能 $K=(1/2)mv^2$
所以 $2500=(1/2)×5×v^2$
得到速度 $v=\sqrt{1000}$ (m/s)

隨 堂 練 習 7

根據例 7，在離地面 20m 時，小球所具有之動能為多少焦耳？位能為多少焦耳？

8-4 能源的介紹與使用

Physics

　　目前人類廣泛使用的能源可分為非再生能源與再生能源兩大類，非再生能源是無法在短時間內再生的能源，例如煤、石油、天然氣等化石燃料與核燃料均屬於非再生能源；再生能源為自然界中取之不盡且自動再生的能源，例如水能、太陽能、風能、海洋能、地熱能、生質能等。過去兩百多年人類對於化石燃料的依賴甚深，長期使用終須面臨資源驟減與枯竭的窘境，因此對於現有能源效率的改良與提升，以及各類新式能源的開發，就變得迫切且急需，全球各國莫不積極投入此一領域，期盼早日緩和或消弭可預見的能源危機。

● 8-4-1　非再生能源

　　非再生能源包括煤、石油、天然氣等化石燃料與核燃料，為目前世界各國廣泛使用的能源。化石燃料，其來源是古代的植物與動物死亡後的殘骸，因地質作用深埋入地下受到細菌分解及高壓、高溫影響而逐漸碳化或轉變成結構複雜的碳氫化合物，雖然有價格上的競爭優勢，但是大量使用化石燃料除了易造成空氣汙染與溫室效應外，礦藏也會越來越少。核能發電最為人擔心的問題就是輻射線的產生，核分裂過程會產生輻射線，核分裂完成後的廢料也有輻射線，這種放射性核廢料歷經多年還是有相當的輻射線會產生，即使核電廠有層層的安全防護，如何妥善處理核廢料仍是一大挑戰。

1. 煤

　　煤炭的形成原因為地底下古代植物的殘骸長時間受到細菌作用，以及高溫、高壓等因素，轉化成煤炭。煤的主要成分為碳，經由乾餾程序可收集揮發性的煤氣與液態煤渣，以及剩餘的固體煤焦。煤氣的主要成分為氫氣、甲烷與一氧化碳；煤渣再經分餾可得苯、萘、蒽與酚等 200 餘種碳氫化合物；而煤焦可作為冶金與燃料等用途。臺灣的煤炭目前以進口為主，以往在新竹到基隆一帶雖有開採煤礦，但因煤層薄、坑道深，開採與運輸不易，成本太高，經營困難，各地煤礦坑多已封閉。

2. 石油

石油是古代動植物和藻類的遺骸在地下經過漫長的時間，在高溫和高壓環境下，經由生物及化學作用轉化而成。石油經分餾後可以產生氣體、石油醚、汽油、煤油、柴油、潤滑油、石蠟、瀝青等，種類繁多，經提煉出化合物後，可再利用化學合成製造各種有機物，如：塑膠、人造纖維、肥料、除蟲劑、醫藥等，稱為石油化學品。臺灣的石油 99%以上依賴進口，苗栗和新竹一帶雖有蘊藏，但杯水車薪，所以必須加強沿海石油鑽探與跨國合作探勘石油。

3. 天然氣

天然氣主要存在於油田以及天然氣田，也有少量出於煤層。天然氣成分主要為甲烷與乙烷，其餘為少量其他低碳烷類。天然氣燃燒比石油完全，比較起來造成的空氣汙染較小，所以更適合當作燃料。液化天然氣能夠降低儲存空間，運送便利，符合經濟效益。

4. 核能發電

核能的觀念源自於愛因斯坦提出的質能等價原理，此原理闡明質量與能量可以互相轉換，一個核反應過程質量的減少將會變成巨大的核能釋放出來。質能等價原理的公式如下：

$$E = mc^2 \text{（能量＝質量×光速的平方）}$$

一般化學反應不涉及質量的改變，即化學反應遵守質量守恆定律。然而在核反應，不論是核分裂還是核融合都會造成質量的減少，所以核反應會釋放出大量的核能。核能發電主要是利用核分裂來得到能量，方法是以中子去撞擊鈾或鈽的原子核，造成原子核分裂成兩個較小的原子核，這個核分裂的過程同時會釋放輻射線與中子，釋放出的中子又再去撞擊其他的原子核，導致更多核分裂的產生。透過這種連鎖反應製造許多的核分裂，每一次核分裂都會使質量減少轉變成巨大能量，利用這股巨大的核能將水加熱為水蒸氣，再推動汽輪機，最後帶動發電機來發電。

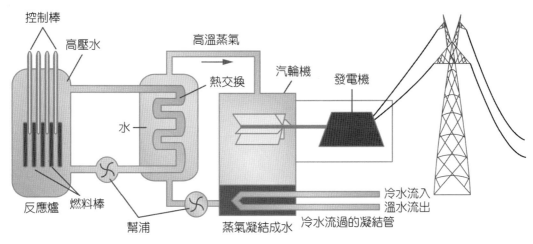

控制棒
高壓水
高溫蒸氣
熱交換
汽輪機
發電機
水
反應爐　燃料棒
幫浦
蒸氣凝結成水　冷水流過的凝結管
冷水流入
溫水流出

▶ 圖 8-2　核能發電

　　核融合反應產生的能量更高於核分裂反應，只是目前世界上還沒有商業運轉的核融合發電廠，主要的理由是要將兩個原子核融合在一起，需要在極高的溫度以上才有辦法。這個條件對於一個發電廠而言很難克服，所以科學家目前極力想要完成溫度不需那麼高的核融合實驗，也有人稱為冷核融的實驗，只是到目前為止仍處於研究階段。

▶ 8-4-2　再生能源

　　再生能源包括水能、太陽能、風能、海洋能、地熱能與生質能等等，使用再生能源可以對社會和環境有很多好處，例如有助於降低對化石能源之依賴、可以再生循環、產生的汙染量少、環境永續性高與減少碳排放。

一、水能

　　水力發電原理是利用處於高處的水具有較大的位能，當高處的水流向低處時，減少的位能轉換成動能來推動水輪機，再進一步帶動發電機來發電。水力發電對於臺灣早期經濟與民生的發展有著相當大的貢獻，優點是無汙染、成本低、可控制洪水氾濫與提供用水，但可能造成生態破壞，此外水庫常因泥沙淤積造成蓄水量減少，降低水力發電效率。

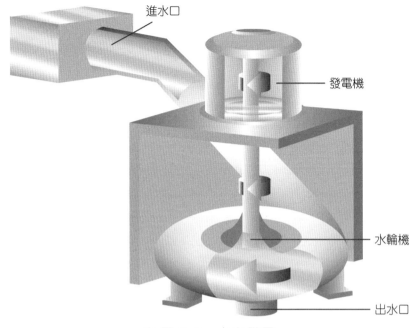

進水口

發電機

水輪機

出水口

> 圖 8-3　水力發電

二、太陽能

　　赫茲於 1887 年發現光電效應,隨後在 1905 年愛因斯坦提出光量子說,成功解釋光電效應,光電效應的發現與了解使得光能可以直接轉變成電能的技術得以實現。目前太陽能電池大都使用一種半導體薄片,集合很多此類的薄片形成所謂的太陽能光電板,只要陽光照到光電板便可產出電流。太陽能

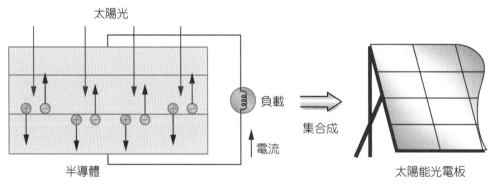

太陽光

負載

電流

半導體

集合成

太陽能光電板

> 圖 8-4　太陽能發電

電池將光能轉變成電能，只要有光就可以生電，比如一個計算機若使用太陽能電池就完全不必擔心沒電而要換電池，另外在太空中運行的人造衛星當然也大多使用太陽能發電，這是因為在太空中陽光充足之故。太陽能雖然是一種取之不盡的再生能源，但是要利用太陽能發電需要有合適的地理條件來配合比如當地的日照要充足且穩定，同時必須有廣大的土地置放光電板。

三、風能

風是由空氣分子的運動所造成，故風能來自於空氣分子的動能，當風吹動風力機之後，運轉的風力機會帶動齒輪，產生機械能，最後再由齒輪帶動發電機，產生電能。

風力發電實施條件為當地的風力充足且穩定，同時必須有廣大的土地置放風力機。風力發電是一種幾無汙染的發電方式，但設置風力機還須考量低頻噪音可能會影響當地生態與居民的生活品質。臺灣風力資源相當豐富，尤其在冬天吹起的東北季風更是強勁，根據調查，在臺灣西部沿海與澎湖地區都是適合發展風力發電的場所。

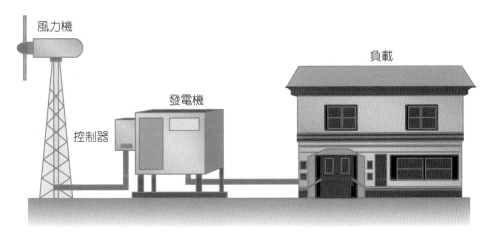

● 圖 8-5　風力發電

四、海洋能

海洋覆蓋地球表面積達三分之二以上，蘊藏著豐富的海洋能源可供開發使用。海洋能主要包括溫差能、潮汐能、波浪能、潮流能、海流能、鹽差能等。以臺灣東部最有可能施行的海洋溫差發電為例，利用表層較溫暖海水與深海層低溫海水之間的溫差熱能，轉換為機械能進而產生電能。

五、地熱能

地球內部存在高溫岩漿，以及岩石間壓力引起的地溫增高皆提供了地熱來源，所以說地熱是豐富的地下能源。地熱能源係指源自地表以下蘊含於土壤、岩石、蒸氣或溫泉之熱能，而地熱發電是利用這些熱能轉換為電能的發電系統。地熱要超過 150°C 以上才有開發的價值，目前的地熱發電廠主要分兩種，第一種是蒸氣發電，直接使用地下蒸氣帶動汽輪機發電；第二種是地下沒有蒸氣儲存層，把水注入地下間接產生蒸氣再來發電。

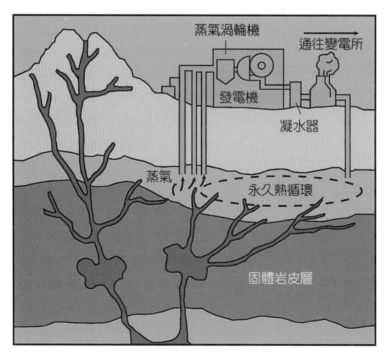

❯ 圖 8-6　地熱發電

全世界的主要地熱區多數分佈在不同板塊間的邊緣地帶，所以亞洲的日本、菲律賓、印尼，美洲的美國、墨西哥利用地理優勢來進行地熱發電。臺灣位在菲律賓海板塊與歐亞板塊之間，由於板塊運動的擴張、隱沒、互撞與平移使交界處溫度增高，地熱能源的發展極富潛力。1981 年宜蘭縣清水地熱發電廠正式運轉，發電量最高曾達 2100 瓩，但後來由於熱水中所含的 CO_2 產生碳酸鈣沉澱，堵塞通路，降低產量，不敷成本而停止運作。

六、生質能

利用生物產生的有機物質，經過轉換後所獲得的能源稱為生質能源。生質能源的共同特色是使用後幾乎不會汙染環境，是一種極乾淨的能源，只是因為成本的問題，目前還無法全面取代原來的化石燃料。

常見的生質能源有生物酒精、生物柴油與生物燃氣等，以下分類說明這些生質能源的性質：

（一）生物酒精

生物酒精的原料是玉米、甘蔗、馬鈴薯等富含澱粉的作物，首先將澱粉發酵，進而提煉出酒精，再轉為燃料或燃料添加物使用，可有效降低車輛對汽油的依賴。例如：南美洲的巴西是全世界著名的甘蔗產區，該國充分利用甘蔗來提煉酒精，且與汽油按一定比例調配成酒精汽油，目前巴西的汽車大都使用酒精汽油。由於酒精汽油對環境的汙染極低，過去曾經被列為汙染黑名單的巴西聖保羅市，現在已經成為全世界空氣品質最好的城市之一。

（二）生物柴油

生物柴油是從植物油（菜籽油、大豆油、葵花油等）、動物油（豬油、牛油等）以及廢棄食用油提煉出來，跟一般柴油比較，生物柴油可大量減少汙染物的排放。以廢棄食用油為例，將回收的廢棄食用油，去除油脂裡的水分與雜質，加入甲醇將油脂轉化成脂肪酸甲酯與甘油，最後經真空與高溫下蒸餾提煉而得。

（三）生物燃氣

生物燃氣又稱沼氣，是指利用糞便或廚餘發酵得到可燃氣體，主要成分是甲烷與二氧化碳，可將生物燃氣直接燃燒以產生熱能，或者當作發電機的燃料來發電。國內有些大些養豬場設置沼氣發電設備，可降低養豬場臭味，減少溫室氣體排放，增加能源使用效益，一舉數得。

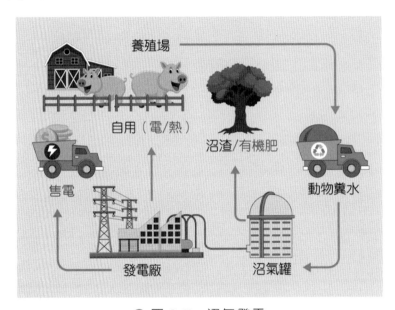

● 圖 8-7　沼氣發電

再生能源多屬於綠色能源，所謂綠色能源意指此能源能夠透過自然界的循環生產，且源源不絕，在生產的過程中，不會造成環境汙染。再生能源是理論上最理想的能源，因為可以循環生產，不受能源短缺的影響，但也受自然條件的影響，如需要有水力、風力、太陽能資源，必須有夠大的水動能、大風與充足日照。發展再生能源遇到的主要瓶頸是投資和維護費用非常高，發電效率低，導致發電成本增高。

延 伸閱讀 ⚛ *Physics*

▶ 地球上的人造太陽

　　核能是一種巨大的能量，這種能量亙古以來就存在於恆星的內部，人類發現了核能的秘密，有如找到了一個具有魔法的寶盒。長久以來，太陽始終散發著光與熱，但是地球卻不會如此，也因為這樣使地球溫度適中，才造就地球擁有孕育生命的有利條件。而太陽能夠發光的原因就是因為核能，太陽內部時時刻刻都在進行核融合反應，核融合反應所釋放出的能量就變成了太陽的光與熱。

　　核融合發電廠被稱為地球上的人造太陽，方法是模仿太陽能內部產生能量的過程，將氫的兩種同位素氘、氚原子融合，但是要把氘與氚融合並不容易。科學家得利用強大的磁場、高溫與高密度讓原子核變成電漿狀態，之後再加以控制與維持，難度相當高，雖然目前世界上還未能有核融合發電廠商業運轉，但是科學家仍努力研究與操控核融合反應，未來就有可能運用這種為太陽供應能量的過程，產生潔淨豐沛的能源。

　　核融合實驗困難在於要在實驗室內部建造微型太陽，然後加以操控。國際熱核實驗反應爐(ITER)是迄今規模最大的核融合發電實驗計畫，這項實驗耗資 250 億美元，合作國家包括歐盟、中國、印度、日本、南韓、俄羅斯和美國，ITER 實驗的核心是 2 萬 3000 公噸的圓柱體，內部強大的超導磁鐵將操控電漿長時間維持在 1.5 億℃，直到核融合發生，要順利啟動核融合反應是巨大挑戰。由於核融合產生的能量遠勝過傳統核分裂發電廠，又不會製造輻射線，因此核融合發電一但成功，將是未來開發新能源的一大躍進。

◉ 圖 8-8　國際熱核實驗反應爐(ITER)場地

習題　　　　　　　　　　　　　　　 ⚛ *Physics*

一、選擇題

(　) 1. 選手舉起火把繞運動場一圈，選手對火把作功為何？　(A)作正功　(B)作負功　(C)不作功　(D)以上皆非。

(　) 2. 有一個質量 6 公斤的物體在光滑水平面上作等速度運動，當其移動 5 公尺時，合力對物體作功為何？　(A)0 焦耳　(B)30 焦耳　(C)300 焦耳　(D)3000 焦耳。

(　) 3. 如果外力以牛頓為單位，距離以公尺為單位，質量以公斤為單位，時間以秒為單位，則功的單位為：　(A)牛頓／公斤　(B)牛頓‧公尺　(C)牛頓‧公尺／秒　(D)牛頓‧公斤。

(　) 4. 下列何者僅有力的作用，而未作功？（甲）手推牆壁、（乙）手抱小孩在原地靜坐、（丙）以鐵鎚鎚釘子入木板。　(A)甲乙　(B)乙丙　(C)甲丙　(D)甲乙丙。

(　) 5. 下列哪些是功率的單位？(a)焦耳、(b)瓦特、(c)仟瓦、(d)kgw-m/s、(e)焦耳／s、(f)牛頓　(A)(a)(e)　(B)(b)(c)(d)(e)　(C)(b)(c)(D)(d)(e)(f)。

(　) 6. 辰宇、辰浩、辰睿三兄弟，扛著等重的風火輪小汽車玩具回 12 樓的家中。辰宇花了 10 分 10 秒，辰浩花了 15 分 15 秒，辰睿花了 20 分 20 秒，哪一個人對玩具作功最大？　(A)辰宇　(B)辰浩　(C)辰睿　(D)一樣大。

(　) 7. 承上題，辰宇、辰浩、辰睿哪一個人的功率最大？　(A)辰宇　(B)辰浩　(C)辰睿　(D)一樣大。

(　) 8. 下列哪兩種物理量<u>不能</u>互相轉換？　(A)功與動能　(B)功與位能　(C)熱能與動能　(D)力與位能

（　　）9. 下列關於各種形態的能量互相轉換的敘述中，何者<u>錯誤</u>？　(A)家用瓦斯爐將化學能轉為熱能　(B)水力發電機將力學能轉換為電能　(C)光合作用將光能轉換成化學能　(D)太陽電池將電能轉換成光能

（　　）10. 籃球從高處落下，反彈幾次後靜止於地面，如圖所示。下列敘述何者正確？　(A)彈跳過程中力學能守恆　(B)籃球在 A 點時的重力位能大於 B 點的重力位能　(C)籃球在 C 點的動能大於 B 點時的動能　(D)籃球在 B 點時的重力位能大於 C 點的重力位能。

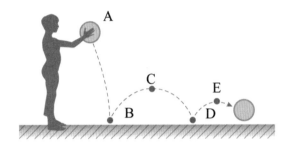

（　　）11. 下列何者為非再生能源？　(A)水能　(B)天然氣　(C)風能　(D)海洋能。

（　　）12. 塑膠是從何種物質提煉出來？　(A)煤　(B)石油　(C)天然氣　(D)核燃料。

（　　）13. 哪種發電運用了質能等價原理？　(A)火力發電　(B)水力發電　(C)風力發電　(D)核能發電。

（　　）14. 哪種生質能又稱沼氣？　(A)生物燃氣　(B)生物柴油　(C)生物酒精　(D)以上皆非。

（　　）15. 下列關於核能敘述何者錯誤？　(A)使太陽發光發熱的能量源自於核融合　(B)核融合產生的能量高於核分裂　(C)現行商業運轉的核能電廠均使用核融合方式　(D)核融合發電廠被稱為地球上的人造太陽。

二、計算題

1. 小花以水平方向的力推動 30 公斤重的行李箱,並以 1 公尺／秒的等速度
   前進了 20 公尺。如果地面與行李箱之間的摩擦力是 5 牛頓,則小花對行
   李箱作功多少焦耳。

2. 一人手提 20kgw 之重物,沿高 6 m、斜面長為 24 m 之樓梯登上三樓,費
   時 1 分鐘,則此人所作平均功率為多少瓦特?(設重力加速度$=10\text{m/s}^2$)

3. 一部 1650 瓦的冷氣使用 20 小時,共用了幾度電?

4. 一條 400 公斤重的海豚自海面垂直躍高 3 公尺，此時的位能為多少？（設重力加速度=10m/s²）

5. 質量為 m 的物體，自距地面 h 高處自由落下。設重力加速度為 g，以地面為重力零位面，不計空氣阻力。則在其下降至 $\frac{1}{4}$ h 高度時，物體所具有的動能為多少？

6. 一條彈性常數 k＝2 牛頓／公尺的彈簧，當其壓縮量由 x=3 公尺變為 2 公尺，此時的彈力位能減少多少焦耳？

09

科技與生活

9-1 平面顯示器

　　隨著視訊時代來臨，人類視覺感官對顯示器品質的要求也愈趨完美，輕巧、省電、高畫質的影像成為市場的主流。早期的陰極射線管(CRT)顯示器已無法滿足市場的需求，逐漸被平板顯示器，包括：液晶顯示器(TFT-LCD)、電漿顯示器(PDP)及有機發光二極體(organic light-emitting diode, OLED)所取代。其中，有機發光二極體顯示技術快速發展，已邁入實用化的階段。

　　截至目前為止，OLED 商品已可成熟應用於小尺寸的面板，例如：汽車音響面板、MP3 player、手機面板以及數位照相機等，未來 OLED 將可進一步應用於大面積之全彩顯示螢幕上。OLED 的光來自於電激發光(electroluminescence, EL)，電激發光是以電能刺激發光材料而產生冷光的現象，冷光即是螢光或磷光的統稱。最早在 1963 年時科學家就發現，當使用 400 伏特的電壓通過蒽（讀音ㄣ，anthracene）單晶時，會有電激發光的現象，產生藍色的螢光。

　　比起目前液晶顯示器 TFT-LCD，有機發光二極體 OLED 具有自發光（可免除背光源）、高亮度、廣視角、高對比、高效率、應答時間短、驅動電壓低、低耗電功率、輕薄等優點，而且元件結構比 TFT-LCD 要簡單，所以在大量生產後成本可以降低。再加上如果利用塑膠基板，更可製成可撓曲式的 OLED，螢幕可隨時捲起來帶著走，若能克服目前製造技術的瓶頸，有機電激發光顯示器將成為 21 世紀最具發展潛力的平面顯示器。

> 圖 9-1　使用 OLED 螢幕之可折式手機

⏺ 表 9-1　OLED 與 TFT-LCD 螢幕之功能比較表

	OLED	TFE-LCD
發光方式	自發光	需背光源
厚度	約 1mm	含光學膜約 3~5mm
面板重量	應用於手機面板約 1g	應用於手機面板約 10g
應答速度	幾微秒(μs)	幾毫秒(ms)
可視角	水平約 170 度	水平約 120~170 度
產品良率	較低	較高
驅動電壓	3~9V	1.5~10V

例 1 　比起液晶顯示器 TFT-LCD，有機發光二極體 OLED 具有的優點有哪些？（可複選）　(A)重量輕　(B)應答速度快　(C)良率低　(D)厚度薄。

解　　A、B、D。

最早出現的電視採用哪一種螢幕？

9-2 3D 列印

3D 列印(3D printing)是一種以數位模型檔案為基礎，直接製造任意立體實物的技術，運用粉末狀金屬、塑料等可黏合材料，透過逐層堆疊累積的方式來構造物體。相較之下，傳統製造方式是從一大塊的材料，雕琢切削出可用的部分。過去常在模具製造、工業設計等領域使用 3D 列印製造模型，隨著數位科技與材料科技進步，3D 列印逐漸用於各種行業產品的直接製造，特別是一些高價值應用（比如人工髖關節或飛機零件）已經使用這種技術列印零件，可見於 3D 列印這項技術的重要性。

> 圖 9-2　3D 列印機

3D 列印技術應用層面廣，包括家飾用品、耳環、項鍊等配件，都可用3D 列印機印出自己設計的獨特款式，甚至可以應用到醫療產業上，假牙、義肢與某些組織與器官都印得出。利用 3D 列印技術印出的假牙色澤自然。3D 列印的義肢，則可為客戶量身訂做，讓義肢完美吻合使用者需求。如何能夠精準地打造出與體內相符的細胞支架，一直是組織工程學的重要課題，現在仰賴 3D 列印的技術，有望打造比傳統方式更佳的細胞支架，例如美國曾有位小孩必須接受膀胱移植手術，醫師從小孩身上取下一小片膀胱組織，在實驗室中培養後，再運用 3D 列印打造出一個新生膀胱移植回患者的體內，由於這個新器官是源自於患者本身的細胞，因此沒有排斥的問題，患者也在術後過著正常的生活。

> 圖 9-3　3D 列印的義肢

　　此外，只要將 3D 列印的塑膠耗材換成食材粉，就可印出 3D 食物。美國太空總署委託廠商開發 3D 食物列印機，將列印耗材改為碳水化合物、蛋白質、糖、鹽巴等，透過食材粉的方式印出食物，解決太空人飲食問題。3D 印表機也可列印披薩，方法是先列印出一層麵團，而在列印的同時也由底部的加熱板烘烤，之後使用粉末來列印番茄層，而後再用水和油混合。最後，披薩還會加上來自動物、牛奶或植物的蛋白質層。

> 圖 9-4　3D 列印的披薩

　　3D 列印技術發達，連自己與寵物也能印出來，方法是以掃描器對人物全身掃描，透過掃描把全身上下輪廓都掃進電腦裡，再利用 3D 列印的技術把人體模型給印出來，最後成品就幾乎和本人一模一樣，包括手上的戒指、衣服上的鈕扣都能精準呈現。

圖 9-5　3D 列印的寵物

　　雖然 3D 列印技術應用層面廣泛，但是也面臨列印速度、材料選擇與成本較高等問題。3D 列印的速度與列印品質成反比，也就是當追求品質的時候，速度隨之降了下來。其次，3D 列印設備無法承擔長期高負荷的工作，算入維修、維護的時間，製造周期更長。以上是 3D 列印的發展需要克服的問題。

例 2　3D 列印是一個逐層添加或是相減的過程？

解　3D 列印是一個逐層添加的過程。

3D 列印有哪些應用？

9-3 全球衛星定位系統

Physics

　　全球定位系統(global positioning system, GPS)是一個利用衛星來定位的系統，它可以為地球表面絕大部份地區提供準確的定位、測速和時間標準。該系統的組成包括太空中的 24 顆 GPS 衛星，地面上的 1 個主控站，3 個數據注入站和 5 個監測站以及作為用戶端的 GPS 接收機。所能連接到的衛星數越多，解碼出來的位置就越準確。

⬗ 圖 9-6　GPS 衛星

　　GPS 是利用基本的三角測量原理達到定位的目的。每個衛星在運行時，每個時間點都有一個座標值，這個座標值是已知的，GPS 接收機所在位置的座標是未知值。由衛星所發送的衛星訊號要獲得二度空間定位（經緯座標），至少要同時接收到 3 顆衛星的訊號，若要獲得三度空間定位（經緯座標及高度），最少要同時接收到 4 顆衛星的訊號。GPS 接收機與它所接收到訊號的衛星所構成的角度，會影響到定位的精準度，角度過小，或者接收到的衛星太過聚集，都會降低定位的精準度。

　　GPS 的用途十分廣泛，舉凡需要地面定位，均可利用 GPS 來達成。在此列舉 GPS 的應用如下：

一、交通工具的導航定位

汽車衛星導航系統在美國與日本已相當風行，台灣也逐步跟上此一潮流。在可預見的未來，所有的飛行器將使用 GPS 做導航的標準設備，在飛機起降的時候，無須依賴機場地面的導航設備。

二、大地測量

傳統的三角測量是一件十分辛苦的事，有時要翻山越嶺，特別是在地面三角測量點缺乏，地標不明顯的時候，測量工作格外困難。GPS 定位則無須仰賴地面控制點，只要在沒有遮蔽的情況下，幾乎不受地形、地物的限制，所以使用 GPS 作為測量的工具，大大改善了傳統測量的不便。

三、數位化製圖

使用 GPS 可協助電子地圖之製作。地圖的數位化有很多種，例如將已存在的紙面地圖用掃描器掃描至電腦中，再進行數位化。另外可在車輛行進的時候使用 GPS，每隔一段時間將道路點記錄下來，如此便完成粗略的地圖數位化工作。

四、貨運、救護、消防、警政的任務派遣

這類任務派遣的應用是將 GPS 配合無線電傳輸，可將各車輛所在位置傳回派遣中心，以利調度工作。當然，如果運用在大眾運輸工具，方便讓一般大眾於候車時了解班車抵達的狀況，例如目前車行進到哪裡，車速如何，預計何時可抵達等相關訊息。

五、登山定位與山難協尋

GPS 可準確的定位、定向，在開闊的地方使用 GPS 定位，配合地形圖可以非常準確的了解目前所在位置，而不會因人為判斷錯誤而迷路。我們也可將 GPS 配合無線電傳輸，將登山人員所在位置傳送至山難協尋中心，以利救難搜尋工作。

六、精確定時

由於 GPS 定位需要非常精確的時間，每顆 GPS 衛星上都有精密的原子鐘，所以 GPS 接收機可以接收到精確的時間資訊。

七、軍事

GPS 發展目的一開始就是考慮軍事的用途，所以舉凡戰機、戰艦、戰車、飛彈、相關軍事人員及攻擊目標物的精確定位，均仰賴 GPS 完成。

不過 GPS 並不是定位及導航的萬靈丹，它雖然能告訴我們「絕對位置」，並具備記憶之前的航點資料，但仍有使用上的盲點。例如登山活動首重「地形分析」及「相對位置」的辨明，故使用指北針為工具的導航技術，仍然有無法取代的地位。正確且合理地推斷出自己所在的位置，才能為下一步路做出正確的抉擇。

例 3 使用 GPS 時要獲得三度空間定位，最少要同時接收到幾顆衛星的訊號。

解 四顆衛星。

隨堂練習 3

GPS 有哪些應用？

9-4 奈米科技

　　奈米(nanometer，nm)是一個極微小的長度單位，「奈」字是英文 nano 的譯名，表示 10^{-9} 的意思，「米」字代表一公尺，兩個字的組合成為一奈米即代表十億分之一公尺。一奈米到底有多小，它大概是 3～4 個原子相連的長度，約等於人類頭髮直徑的十萬分之一，這個長度小到必須用電子顯微鏡才觀察得到。如果說地球的直徑只有一公尺的話，一顆彈珠的直徑就相當於一個奈米。

　　當前的奈米科技指的就是將物質微小化到奈米尺寸的科技，在如此小的尺度下，量子效應(quantum effect)已成為不可忽視的因素，再加上表面積所佔的比例大增，物質會呈現迥異於巨觀尺度下的物理、化學和生物性質。以黃金為例，當它被製成金奈米粒子時，顏色不再是金黃色而呈紅色，說明了光學性質因尺度的不同而有所變化。又如石墨因質地柔軟而被用來製作鉛筆筆芯，但同樣由碳元素構成、結構相似的碳奈米管，強度竟然遠高於不銹鋼，又具有良好的彈性，因此成為顯微探針及微電極的絕佳材料。

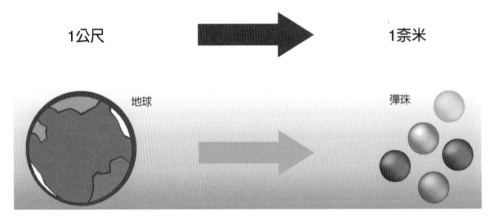

1公尺 ➡ 1奈米

地球　　彈珠

> ● 圖 9-7　以地球與彈珠的直徑來比喻 1 公尺與 1 奈米的長度

　　奈米科技涵蓋的領域甚廣，從基礎科學橫跨至應用科學，包括物理、化學、材料、光電、生物及醫藥等。以下我們就針對奈米科技在食、衣、住、行、育、樂等各方面的應用加以說明。

一、奈米科技在食的應用

食品保存最怕氧氣，容易孳生細菌而腐敗。在塑膠袋（聚乙烯）、保特瓶（聚酯纖維）等高分子聚合物中添加奈米顆粒，就可以增加分子間的緻密程度，使得氧氣不易進出，延長食品保存的期限。

二、奈米科技在衣的應用

奈米衣料最大的好處就是不怕髒，不易沾上咖啡、油滴等汙漬。在衣料纖維表面塗覆奈米顆粒，水滴即使滴在衣料上，只要輕輕一揮，水滴就掉下來。未來還可把衣料塗上能夠吸收紅外線或者抗 UV 的奈米顆粒，就可製作出能保暖、防曬的衣物。

三、奈米科技在住的應用

在陶瓷表面覆蓋具有抗菌能力的奈米微細釉藥，製造出不沾汙垢、抗菌的一系列衛浴設備。不只是室內，日本高速公路圍牆在表面塗上光觸媒的奈米顆粒，有效分解空氣中的硝化物、硫化物，使建材外觀如新亮麗，並能減少空氣汙染。

四、奈米科技在行的應用

使用奈米材料用於汽車、飛機等交通工具的改良，會使得未來汽車、飛機的重量更輕、更省電、也更環保。例如科學家正研發新型汽車擋風玻璃，以奈米級的玻璃顆粒混上塑膠，重量不但大大減輕，而且不沾雨水，不易附著汙垢。

五、奈米科技在育的應用

不用帶厚重的課本上學，只要帶著一頁比信用卡還薄的電子書就行了。電子書上的面板是由上百萬個奈米顆粒所組成，電壓可以控制原子排列，組合不同的字。隨著輸入的頁數，電壓上上下下，每頁有不同的字跳出來。

六、奈米科技在樂的應用

以奈米碳管做成螢幕的電視可望問世，它不但省電、成本低，而且很薄，厚度僅數公釐。奈米碳管彈性極高，電傳導性高，強度比鋼絲強上百倍，但重量卻輕，兼具金屬與半導體的性質，可用於平面顯示器、電晶體或電子元件上。除了電視、電腦，奈米碳管也被用於網球拍、滑雪桿，質輕、鋼性好的特點，讓運動人士用起來愛不釋手，舒適地打一場好球。奈米網球、奈米排球也相繼問世，在球類表面塗覆奈米顆粒，也能阻絕氣體進出，不易沾上汗滴，保持球的彈性。

奈米標章為經濟部工業局在 2003 年所創立，為全球首創之奈米產品驗證制度，目的在於保護消費者權益，鼓勵優良廠商永續經營，提升我國奈米技術產業化國際競爭力。通過奈米標章驗證的產品，均能有下列三大項的保證：

（一）奈米性

奈米產品係表示產品所使用的原材料或產品本身確係奈米等級（至少有一維其尺度小於 100 奈米），且確有增加或改善原有之功能者。

（二）奈米功能

以國際標準檢測，確認奈米產品能發揮其訴求的成效，如抗菌、抗污、防蝕、脫臭、耐磨、空氣淨化等，必須明顯優於無使用奈米原料者。

（三）其他特性

測試奈米產品在使用時應注意與必須符合的條件，例如抗菌產品對於人體的安全性、皮膚的刺激性，或是產品的耐久程度，例如必須通過耐候、耐刮、耐刷洗等測試，確保產品在正常使用下具備所強調的功能性。

奈米標章以無限「∞」符號，象徵奈米之無限微小化及奈米技術應用的無限大。狀似「8」的飛躍造型，象徵蓬勃發展。輔以英文奈米「nano」，以達國際認知。

> 圖 9-8　奈米標章

　　奈米科技日新月異，未來甚至可能研發出奈米機器人，當我們生病時不必吃藥，只要派遣奈米機器人進入人體清除病灶，例如已經有科學家成功使用奈米機器人在人體內自行找到腫瘤供血血管，隨後釋放藥物製造血栓、阻塞其血管，達到消滅癌細胞的效果。

例 4 一奈米代表幾公尺？　(A) 10^{-7} m　(B) 10^{-8} m　(C) 10^{-9} m (D) 10^{-10} m。

解 一奈米 $= 10^{-9}$ m。

隨堂練習 4

奈米標章以無限「∞」符號，象徵什麼？

○ 摩爾定律

　　摩爾定律(Moore's law)是由世界最大的半導體公司英特爾(Intel)創始人之一戈登‧摩爾提出的。其內容為積體電路上可容納的電晶體數目,約每隔兩年便會增加一倍,後來由英特爾執行長大衛‧豪斯修正為每 18 個月會將晶片的效能提高一倍。

　　半導體行業大致按照摩爾定律發展了半個多世紀,對二十世紀後半葉的世界經濟增長做出了貢獻,並驅動了一系列科技創新、社會改革、生產效率的提高和經濟增長。個人電腦、網際網路、智慧型手機等技術改善和創新都離不開摩爾定律的延續。

　　儘管近現代的數十年間摩爾定律均成立,但它仍應被視為是對現象的觀測或對未來的推測,而不應被視為一個物理定律或者自然界的規律。隨著半導體製程越來越精密,已從微米製程跨入奈米製程,奈米已屬原子層級,在如此微小尺度下,種種物理限制可能約束摩爾定律的延續,比如發生量子穿隧效應,會導致漏電流增加。關於摩爾定律的終點究竟還有多遠,看法並不一致,有預測認為摩爾定律的極限將在 2025 年左右到來。台積電創辦人張忠謀表示,沒人知道摩爾定律何時終結,而且現在有 5G、物聯網與人工智慧等 3 項技術正在發展,摩爾定律還有發揮空間。

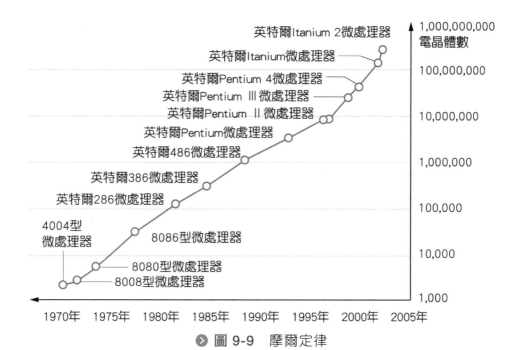

英特爾Itanium 2微處理器

英特爾Itanium微處理器

英特爾Pentium 4微處理器

英特爾Pentium III 微處理器

英特爾Pentium II 微處理器

英特爾Pentium微處理器

英特爾486微處理器

英特爾386微處理器

英特爾286微處理器

4004型微處理器

8086型微處理器

8080型微處理器

8008型微處理器

電晶體數

1,000,000,000

100,000,000

10,000,000

1,000,000

100,000

10,000

1,000

1970年　1975年　1980年　1985年　1990年　1995年　2000年　2005年

⊙ 圖 9-9　摩爾定律

 **習題**

♛ *Physics*

一、選擇題

(　　) 1. 有機發光二極體的英文代號是哪一項？　(A)PDP　(B)OLED (C)CRT　(D)TFT-LCD。

(　　) 2. 使用 400 伏特的電壓通過蒽單晶時，會有電激發光的現象，產生何種顏色的螢光？　(A)紅　(B)白　(C)黃　(D)藍。

(　　) 3. 有機發光二極體的可視角可達多少度？　(A)130 度　(B)150 度 (C)170 度　(D)190 度。

(　　) 4. 哪項代表的時間最短？　(A)1 秒　(B)1 毫秒　(C)1 微秒　(D)1 奈秒。

(　　) 5. 陰極射線其實是下列何者？　(A)質子　(B)電子　(C)中子　(D)原子。

(　　) 6. 3D 列印的發展容易遇到的問題不包含何者？　(A)列印速度　(B)成本過高　(C)應用層面狹隘　(D)材料選擇。

(　　) 7. 全球定位系統的組成包含幾顆衛星？　(A)6　(B)12　(C)24 (D)48。

(　　) 8. 下列哪一項不屬於 GPS 應用？　(A)探測毒物　(B)登山定位　(C)汽車導航　(D)大地測量。

(　　) 9. 奈米尺度下，何種效應成為必須重視的因素？　(A)光電效應　(B)量子效應　(C)都卜勒效應　(D)蝴蝶效應。

(　　) 10. 奈米屬於何種單位？　(A)質量　(B)時間　(C)長度　(D)溫度。

二、應用題

1. 3D 列印可以列印出活的生物？請搜尋相關資料，提出看法。

2. 目前世界上最先進的半導體製程已經達到多少奈米？請搜尋相關資料，提出看法。

近代物理

10-1 原子結構

二十世紀初物理學家陸續發現電子、質子與中子，進一步了解原子結構，在原子層級的微觀尺度下出現了古典力學無法解釋的現象，於是興起了以量子力學來解釋微觀世界，成為近代物理的一大基礎。近代物理的另一基礎為相對論，相對論由愛因斯坦所創，可用來解釋高速運動（接近光速）物體的運動狀態與時空變化。

英國科學家湯木生(J.J.Thomson, 1856~1940)於 1897 年發現電子(electron)，電子帶負電並且為組成原子的基本粒子之一。湯木生由此建構出原子的「葡萄乾布丁模型」，認為電子就像布丁中的葡萄乾，一顆顆存在於帶正電的原子球體當中。

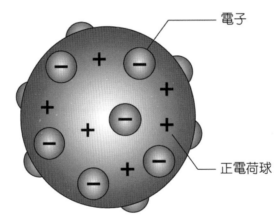

電子

正電荷球

● 圖 10-1　湯木生提出原子的「葡萄乾布丁模型」

紐西蘭科學家拉塞福(E.Rutherford, 1871~1937)於 1911 年發現原子核。並提出原子的「行星模型」，他認為原子的正電荷與主要的質量，都集中於位於中心區域、半徑極小的原子核（類似太陽），而帶負電的電子（類似行星）則環繞在原子核的外面。1919 年，拉塞福發現了帶正電的質子(proton)，並提議在原子核內除了質子以外應該還存在有電中性的粒子，稱之為中子(neutron)。

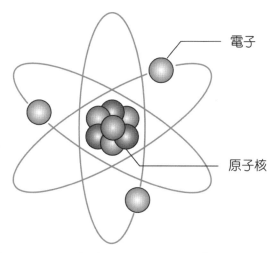

▶ 圖 10-2　拉塞福提出原子的「行星模型」

　　英國科學家查兌克(J.Chadwick, 1891~1974)於 1932 年發現了不帶電的中子。到此發現原子的結構是由原子核與核外電子組成，而原子核則是由質子與中子組成，電子則在原子核外運轉。

　　目前，根據量子力學發現原子核外的電子並不像行星繞太陽一樣有固定的軌道，而是無法預測電子的運動軌跡，只能知道電子在空間中某點出現的機率有多大。因此使用一種能夠表示電子在原子核外空間各處出現機率的模型來描述電子在核外的運動，在這個模型中，某個點附近的密度表示電子在該處出現的機率的大小，密度大的地方，表明電子在核外空間單位體積內出現的機率大；密度小的地方，表明電子出現的機率小。由於這個模型很像在原子核外有一層疏密不等的「雲」，所以稱之為「電子雲模型」。

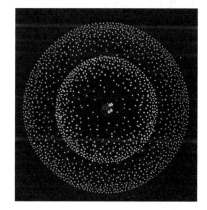

▶ 圖 10-3　原子的「電子雲模型」

> **例 1** 關於最新的原子模型是哪一種？　(A)電子雲模型　(B)行星模型
> (C)葡萄乾布丁模型。

解 (A)電子雲模型

隨堂練習 1

哪一種粒子最晚被發現？　(A)質子　(B)中子　(C)電子。

10-2 同位素與放射性

　　週期表是以元素的原子序由小到大排列而成。原子序是由原子中的質子數來決定，電中性的原子核外電子數會等於質子數，此時原子序等於質子數等於核外電子數。

原子核之表示：$_Z^A M$

M：元素符號，Z：原子序，A：質量數

質量數＝中子數＋質子數

> **例 2** $_{79}^{197} Au$ 含(1)幾個質子？　(2)幾個中子？　(3)幾個電子？

解 (1) 79 質子

(2) 197-79=118 中子

(3) 79 電子

隨堂練習 2

$^{23}_{11}Na^+$ 含(1)幾個質子？ (2)幾個中子？ (3)幾個電子？

　　湯木生利用質譜儀測量各元素的質量數，發現了同位素。所謂同位素是指原子序相同而質量數不同的原子，亦即原子核中質子數相同而中子數不同的原子稱為同位素。表 10-1 顯示氫、碳各有三種同位素。每種元素的同位素的化學性質都相同，例如在天然鈾中鈾-238 的含量最多，約占 99.282%；其次是鈾-235，約占 0.712%；還有很少的鈾-234，約占 0.006%。不論是鈾-238，鈾-235 或是鈾-234，在原子核裡都有 92 個質子，在原子核外面都有 92 個電子，因此它們的化學性質完全相同，都稱為鈾。

表 10-1　氫與碳的同位素

元素	同位素	名稱	質子數	中子數	質量數
氫	^1_1H(H)	氕	1	0	1
	^2_1H(D)	氘	1	1	2
	^3_1H(T)	氚	1	2	3
碳	$^{12}_6C$	碳-12	6	6	12
	$^{13}_6C$	碳-13	6	7	13
	$^{14}_6C$	碳-14	6	8	14

每種元素的原子都有著多種同位素，如果這種同位素是具有放射性，它會被稱為放射性同位素(radioactive isotope)，例如氚、碳-14、鈷-60 和碘-131 等。放射性同位素會進行放射性衰變，從而放射出 γ 射線和次原子粒子。若某元素的所有同位素都具有放射性，則該元素會被稱為放射性元素(radioactive element)，例如鈾、鐳和氡等。

例 3 下列敘述何者正確？ (A)同位素之質量數相同 (B)同位素之中子數相同 (C)同位素之原子序相同 (D)同位素之化學性質不同。

解 (C)同位素之原子序相同。

隨堂練習 3

金屬錫之某個同位素有 50 個質子和 63 個中子，則下列敘述中哪一個最可能為錫的另一同位素？ (A)中子 63 個，質子 113 個 (B)中子 63 個，質子 63 個 (C)中子 62 個，質子 50 個 (D)中子 50 個，質子 63 個。

10-3 輻射線的傷害與防護

依據能量高低區分，輻射可分為能量較高的「游離輻射」和能量較低的「非游離輻射」兩大類，一般所稱之輻射多是指游離輻射。游離輻射能直接或間接使物質產生游離作用，包括高能粒子流（電子、質子、中子與 α 粒子）與高能電磁波（γ 射線與 x 射線），游離輻射之游離作用對生物組織容易造成傷害。而可見光、紅外線、微波、無線電波等電磁波因其能量無法令物質產生游離作用，屬於「非游離輻射」。

　　游離輻射照射人體的過程稱為輻射曝露，輻射曝露有體外曝露與體內曝露二種。體外曝露是指游離輻射由體外照射身體的曝露，例如健康檢查時照的胸部 X 光；體內曝露則是指由攝入體內的放射性物質所造成的曝露，例如吃入含有天然放射性物質或受放射性物質汙染的食物。

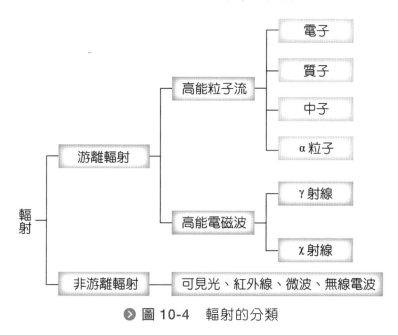

> 圖 10-4　輻射的分類

　　人體接受過量輻射照射，造成有害的組織反應，若接受的劑量越增加，造成的傷害就會越嚴重。過量輻射對身體的危害包括不孕、造血功能降低與血球細胞減少、皮膚紅斑脫皮、水晶體混濁、視力減退、器官發炎與各式癌症產生等等。

　　一般人會接受到的輻射曝露主要是體外曝露，體外曝露的防護原則是 TSD 原則。遵循 TSD 原則，可減少從體外照射人體的輻射劑量。

1. T 指的是時間(Time)，接受曝露時間越短越好。

2. S 指的是屏蔽(Shielding)，使用適當屏蔽物阻擋輻射，輻射對物質的穿透性各自不同，α 射線（氦原子核）可用紙阻擋，β 射線（電子）可用金屬板（如鋁）或壓克力阻擋，而 γ 射線與 χ 射線能量很強就要用高密度物質如鉛或厚的混凝土才能阻擋。

3. D 指的是距離(Distance)，盡量遠離輻射源，因為輻射能量與距離平方成反
   比，距離輻射源的距離為原先的 2 倍，劑量一般會降低為原先的 4 分之
   1。

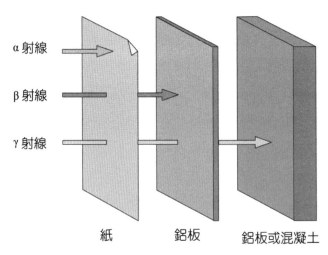

α 射線

β 射線

γ 射線

紙　　鋁板　　鋁板或混凝土

● 圖 10-5　各種輻射線的穿透特性

　　對於體內曝露的防護首要避免攝入輻射物質，盡量少在含有汙染物的地
方進食，以減少食入或吸進汙染物。如已攝入輻射汙染物應大量服用流質液
體，藉以充份稀釋，減少吸收，另外可使用泄藥、催吐劑或利尿劑增加排
泄，減輕輻射暴露的傷害。

　　西弗(sievert，Sv)是一個用來衡量輻射劑量對生物組織的影響程度的單
位。一般醫學輻射檢查過程中病患不可避免的將接受到一定的輻射暴露，這
就是所謂的醫療輻射暴露。通常一次醫學輻射檢查的輻射劑量可能落在 **0.01
毫西弗(mSv)到 30 毫西弗(mSv)**之間，病患接受這樣低背景輻射劑量的醫療檢
查，很難評估是否會對身體造成傷害。但是如果人體瞬間接受輻射量超過
250 毫西弗，身體就會造成不可見的傷害，超過 2 西弗則有致死的可能。

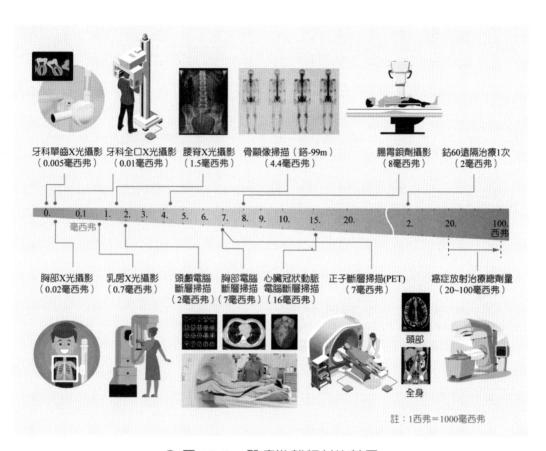

牙科單齒X光攝影　牙科全口X光攝影　腰脊X光攝影　骨顯像掃描（鎝-99m）　　　腸胃鋇劑攝影　鈷60遠隔治療1次
（0.005毫西弗）　（0.01毫西弗）　（1.5毫西弗）　（4.4毫西弗）　　　（8毫西弗）　（2毫西弗）

胸部X光攝影　乳房X光攝影　頭顱電腦　胸部電腦　心臟冠狀動脈　　正子斷層掃描(PET)　癌症放射治療總劑量
（0.02毫西弗）（0.7毫西弗）斷層掃描　斷層掃描　電腦斷層掃描　（7毫西弗）　　（20~100毫西弗）
　　　　　　　　　　　（2毫西弗）（7毫西弗）（16毫西弗）

頭部

全身

註：1西弗＝1000毫西弗

> 圖 10-6　醫療游離輻射比較圖

例 4 下列何者為正確的體外曝露防護的基本原則？　(A)操作時應佩戴口罩　(B)鉛板愈厚屏蔽 X 光效果愈差　(C)操作輻射源時間儘量縮短 (D)儘量靠近輻射源。

解 (C)操作輻射源時間儘量縮短。

隨堂練習 4

已知在距離 x 光機 2 公尺處之劑量率為 2 mSv/h，則某輻射工作人員在距離 x 光機 4 公尺處作業 2 小時，可能接受到多少 mSv 的劑量？

10-4 輻射線的應用

　　儘管過量的輻射線有害人體，但是在安全防護下使用適當的輻射線可產生許多益處，以下將說明輻射線在醫療、農業與工業上的應用。

一、輻射線在醫療上的應用

　　使用 X 光可檢查肺結核、骨折與蛀牙等病症，另外像鈷-60 會放出 γ 射線，可用於治療癌症，γ 射線能量很強會殺死癌細胞，但也會殺死好的細胞，因此使用放射線治療只能照射有癌細胞的部位。部分醫療器材不適合用高溫殺菌，此時可使用非游離輻射中能量較強的紫外線進行滅菌。

二、輻射線在農業上的應用

　　農業上常使用 γ 射線照射馬鈴薯、洋蔥、大蒜，抑制這些農作物的發芽現象，γ 射線也可使用在品種改良，在種子播種前先用 以 γ 射線照射，使種子產生基因突變，如果其中有少數的突變有利於品種改良，這些植物的後代就可以加以推廣以利糧食的增產。

三、輻射線在工業上的應用

　　因為放射性的化學品很容易被各種儀器檢測出來，所以輻射物質可作為各種流體流向的追蹤劑。此外也可使用輻射線檢查樣品的成分和含量，方法是先用中子照射一個樣品，再測定該樣品放出的 γ 射線的波長和強度。工業上常使用 X 光檢視金屬鑄件或焊接部位的隙縫及缺陷，亦可用於度量極微小的厚度，如金屬薄片。

延 伸閱讀   ⚛ *Physics*

➲ 正子造影

正子造影的全名是正電子放射斷層攝影(Positron Emission Tomography)，簡稱 PET，是現今十分重要的醫療診斷技術，可偵測受檢者體內器官組織的代謝情形。

正子造影是一種分子影像檢查，利用能射出正電子之放射核種，然後將之與細胞代謝需要的物質（如葡萄糖）結合，做成藥劑注入受檢者體內，最後利用正電子放射斷層攝影儀，將身體放出的訊號偵測記錄下來，由電腦處理，便可做成身體各切面的影像，而顯示出細胞的代謝情形。 正子造影的優點是安全性很高，屬於非侵犯性檢查，嚴重的副作用很少。本檢查之輻射劑量約為 5~10 毫西弗，檢查時所使用的放射性同位素大部分會由尿液中排出，幾乎不會增加致癌機率，也不會增加不孕或後代異常的風險。

目前最常使用的正子放射藥劑是氟化去氧葡萄糖(FDG)，這是把放射性藥劑氟-18 標記葡萄糖，其化學性質與葡萄糖非常相近，多數癌細胞的葡萄糖代謝較正常細胞旺盛，所以會較正常細胞吸收更多的氟化去氧葡萄糖，因而在正子造影上呈現高度攝取現象，可利用這個特性來偵測早期癌症病灶。氟-18 是一種短半衰期的同位素，它的放射性約在 110 分鐘之後，便會自然會減少一半，差不多在一天之後，配合身體的排泄，它的輻射幾乎可以完全的消失。

不過不同種類的惡性腫瘤對於葡萄糖的代謝仍有高低的差別，所以正子造影在不同的惡性腫瘤的診斷率也有差異。一般而言，非小細胞型肺癌、大腸直腸癌、淋巴癌、食道癌、黑色素癌、

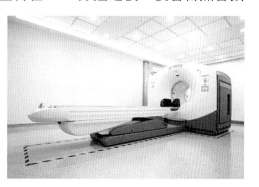

➲ 圖 10-7　正子造影設備

頭頸部癌與乳癌等有較高的診斷率；但前列腺癌、肝癌、泌尿系統和腦部的腫瘤等，因其葡萄糖的代謝活性相對較低或因正常生理活性的干擾，以及各種小於一公分以下的腫瘤，其診斷率則相對較低。

題 ⁂ *Physics*

一、選擇題

( ) 1. 根據物理史，下列關於電子、中子和原子核三者被發現的先後順序何者正確？ (A)電子、中子、原子核 (B)中子、電子、原子核 (C)電子、原子核、中子 (D)原子核、電子、中子。

( ) 2. 原子核帶何種電？ (A)正電 (B)負電 (C)不帶電 (D)不一定。

( ) 3. 哪位科學家預測有中子存在？ (A)湯木生 (B)拉塞福 (C)查兌克 (D)愛因斯坦。

( ) 4. 下列有關原子核之敘述何者錯誤？ (A)原子序等於質子數 (B)質量數等於中子數加質子數 (C)每一種原子核內質子個數均等於中子數 (D)原子核僅占原子空間極小部分，但質量幾乎占原子絕大部分。

( ) 5. $^{235}_{92}U$ 之中子數為 (A)235 (B)92 (C)143 (D)327。

( ) 6. 自然界的氧有三種原子：$^{16}_{8}O$、$^{17}_{8}O$ 和 $^{18}_{8}O$，下列有關此三種原子的敘述何者正確？ (A)三者之中子數相等 (B)三者之質子數，以 $^{18}_{8}O$ 為最多 (C)三者之化學性質有很大的差異 (D)電中性時，三者之電子數相等。

( ) 7. 已知氟(F)、氖(Ne)、鈉(Na)三元素之原子序分別為 9、10、11，則下列哪一組粒子的電子數相同？ (A)Na、Ne (B) Na$^+$，F$^-$ (C)F$^-$，Na (D)F$^-$，F。

( ) 8. 右圖為某原子的模型示意圖，乙粒子和丙粒子在原子核內，其中乙粒子帶正電，下列有關該原子的敘述何者<u>錯誤</u>？ (A)該原子的原子序為 2 (B)甲粒子不帶電，而丙粒子帶負電 (C)一個乙粒子的質

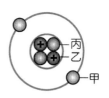

量與一個丙粒子的質量非常接近　(D)該原子的質量約等於原子核內乙粒子與丙粒子的總質量。

（　　）9. 有五類原子，其質子數、中子數如下表所示，哪一組原子屬於同一種元素？　(A)甲和乙　(B)乙和丁　(C)丙和丁　(D)乙和戊　。

原子種類	質子數	中子
甲	6	6
乙	6	7
丙	6	8
丁	7	7
戊	7	8

（　　）10. 下列各種電磁波中何者屬於游離輻射？　(A)無線電波　(B)紅外線　(C)可見光　(D)x 射線。

（　　）11. 下列哪些為正確的體外曝露防護原則：A.接受曝露時間越短愈好、B.劑量與距離平方成反比、C.應加適當之屏蔽、D.不在輻射作業場所吃東西　(A)AB　(B)BC　(C)CD　(D)ABC。

（　　）12. 可以用紙阻擋的輻射線是哪一種？　(A)α 射線　(B)β 射線　(C)γ 射線　(D)χ 射線。

（　　）13. 工業上常使用何種輻射線檢視金屬鑄件或焊接部位的隙縫及缺陷？　(A)α 射線　(B)β 射線　(C) γ 射線　(D) χ 射線。

（　　）14. 農業上常使用何種輻射線照射馬鈴薯、洋蔥、大蒜，抑制這些農作物的發芽現象？　(A)α 射線　(B)β 射線　(C)γ 射線　(D) χ 射線。

（　　）15. 部分醫療器材不適合用高溫殺菌，此時可使用非游離輻射中能量較強的何種輻射線進行滅菌？　(A)紫外線　(B)紅外線　(C)微波　(D)無線電波。

二、計算題

1. 以中子誘發 $^{235}_{92}U$ 分裂，形成 $^{147}_{57}La$ 及 $^{87}_{35}Br$，此過程共釋放幾個中子？

2. 已知在距離 x 光機 8 公尺處之劑量率為 0.2 mSv/h，則某輻射工作人員在距離 x 光機 4 公尺處作業半小時，可能接受到多少 mSv 的劑量？

Physics
MEMO

習題解答   ✖ *Physics*

(01) 物理學與物理量
CHAPTER

1	2	3	4	5	6	7	8	9	10
C	D	A	D	D	D	B	C	B	D

11	12	13	14	15					
D	C	D	B	D					

(02) 力與運動
CHAPTER

一、選擇題

1	2	3	4	5.	6	7	8	9	10
A	D	A	C	D	B	B	D	B	C

11	12	13	14	15	16				
A	A	D	C	C	A				

二、計算題

1. 路徑長 22、位移 2（朝左）

2. 路徑長 25m、位移 5m（朝東）

3. (1) 平均速度=0.5(m/s)（方向朝左）

   (2) 平均速率=1.5(m/s)

4. 5kgw（朝左）

5. 1/2

6. 2m/s^2

(**03**) 流體力學

一、選擇題

1	2	3	4	5	6	7	8	9	10
B	D	C	D	C	C	A	D	A	A

11	12	13	14	15					
D	A	D	C	C					

二、計算題

1. 16：1

2. (1)3.2atm、(2)0.8atm

3. 600ml

4. 1.25atm

5. A>D>B>C

6. 3atm

7. 24kgw

8. 2/3

9. (1)300gw、(2)540gw、(3)1.8g/cm^3

(**04**) 熱學

一、選擇題

1	2	3	4	5	6	7	8	9	10
B	D	D	C	C	B	C	A	B	C

11	12	13	14	15					
A	D	D	B	C					

二、計算題

1. 574.25K=574.25℉

2. 59℉

3. 55℃

4. 70℃

5. 290.2 仟卡

6. 150 克

7. 1.1cm

(05) 聲波
CHAPTER

一、選擇題

1	2	3	4	5	6	7	8	9	10
B	C	C	B	A	B	D	D	A	C

11	12	13	14	15					
B	B	A	B	B					

二、計算題

1. (1)乙、(2)T=0.5(s)，f=2(1/s)，λ=5(cm)，v=10(cm/s)

2. (1) 1：1、(2)1：2

3. 0.2s

4. 170m

5. 680m

6. 450m

7. 690 赫茲

(06 CHAPTER) 光

一、選擇題

1	2	3	4	5	6	7	8	9	10
C	A	D	C	B	D	A	B	A	B

11	12	13	14	15	16	17	18		
C	A	C	A	B	C	D	C		

二、計算題

1. $4\sqrt{3}$ m

2. 1.6m

3. 10cm

4. 300 赫茲，無線電波

(07 CHAPTER) 電與磁

一、選擇題

1	2	3	4	5	6	7	8	9	10
B	C	D	D	A	C	C	A	D	D

11	12	13	14	15	16				
B	A	D	D	B	B				

二、計算題

1. 8 倍

2. 20(A)

3. 16(V)

4. (1)26/5(Ω)、(2)25/26(A)

5. (1)1.8×10^{10}（牛頓）、(2)9×10^{9}（牛頓／庫侖）

(08) 能量與生活
CHAPTER

一、選擇題

1	2	3	4	5	6	7	8	9	10
C	A	B	A	B	D	A	D	D	B

11	12	13	14	15					
B	B	D	A	C					

二、計算題

1. 100J

2. 20 瓦特

3. 33 度電

4. 12000J

5. 3/4mgh

6. 5J

(09) 科技與生活
CHAPTER

一、選擇題

1	2	3	4	5	6	7	8	9	10
B	D	C	D	B	C	C	A	B	C

二、應用題

1. 開放性問答

2. 開放性問答

(10) 近代物理

CHAPTER

一、選擇題

1	2	3	4	5	6	7	8	9	10
D	A	B	C	C	D	B	B	A	D

11	12	13	14	15					
D	A	D	C	A					

二、計算題

1. 1 個中子

2. 0.4mSv

Physics
MEMO

Physics
MEMO

國家圖書館出版品預行編目資料

物理/張振華編著. -- 初版. -- 新北市：新文京開發
　出版股份有限公司, 2021.06
　　面；　公分

　ISBN　978-986-430-726-5（平裝）

　1. 物理學

330　　　　　　　　　　　　　　　110006493

物理 　　　　　　　　　　　　　　　（書號：E445）

編　　　者	張振華
出　版　者	新文京開發出版股份有限公司
地　　　址	新北市中和區中山路二段 362 號 9 樓
電　　　話	(02) 2244-8188（代表號）
Ｆ　Ａ　Ｘ	(02) 2244-8189
郵　　　撥	1958730-2
初　　　版	西元 2021 年 09 月 01 日

New Wun Ching Developmental Publishing Co., Ltd.

New Age · New Choice · The Best Selected Educational Publications — NEW WCDP

新文京開發出版股份有限公司

新世紀‧新視野‧新文京 ─ 精選教科書‧考試用書‧專業參考書